Hygiene in Trinkwasser-Installationen – Gefährdungsanalyse

Jetzt diesen Titel zusätzlich als E-Book downloaden und 70 % sparen!

Als Käufer dieses Buchtitels haben Sie Anspruch auf ein besonderes Kombi-Angebot: Sie können den Titel zusätzlich zum Ihnen vorliegenden gedruckten Exemplar für nur 30 % des Normalpreises als E-Book beziehen.

Der BESONDERE VORTEIL: Im E-Book recherchieren Sie in Sekundenschnelle die gewünschten Themen und Textpassagen. Denn die E-Book-Variante ist mit einer komfortablen Volltextsuche ausgestattet!

Deshalb: Zögern Sie nicht. Laden Sie sich am besten gleich Ihre persönliche E-Book-Ausgabe dieses Titels herunter.

In 3 einfachen Schritten zum E-Book:

❶ Rufen Sie die Website **www.beuth.de/e-book** auf.

❷ Geben Sie hier Ihren persönlichen, nur einmal verwendbaren E-Book-Code ein:

298271BBF3C51B9

❸ Klicken Sie das „Download-Feld“ an und gehen dann weiter zum Warenkorb. Führen Sie den normalen Bestellprozess aus.

Hinweis: Der E-Book-Code wurde individuell für Sie als Erwerber dieses Buches erzeugt und darf nicht an Dritte weitergegeben werden. Mit Zurückziehung dieses Buches wird auch der damit verbundene E-Book-Code für den Download ungültig.

Hygiene in Trinkwasser-Installationen – Gefährdungsanalyse

Arnd Bürschgens

Hygiene in Trinkwasser-Installationen – Gefährdungsanalyse

Kommentar zur
VDI/BTGA/ZVSHK 6023 Blatt 2

1. Auflage 2021

Herausgeber:
Verein Deutscher Ingenieure e. V.

Beuth Verlag GmbH · Berlin · Wien · Zürich

Herausgeber: VDI Verein Deutscher Ingenieure e. V.

© 2021 Beuth Verlag GmbH
Berlin · Wien · Zürich
Saalwinkler Damm 42/43
13627 Berlin

Telefon: +49 30 2601.0
Telefax: +49 30 2601.1260
Internet: www.beuth.de
E-Mail: kundenservice@beuth.de

Titelbild: Autor
Satz: Beuth Verlag GmbH, Berlin
Druck: Plump Druck & Medien, Rheinbreitbach
Gedruckt auf säurefreiem, alterungsbeständigem Papier nach DIN EN ISO 9706

ISBN 978-3-410-29827-4
ISBN (E-Book) 978-3-410-29828-1

Inhaltsverzeichnis

Hinweise zum Lesen der Kommentierung

Die Originaltexte der Richtlinie VDI/BTGA/ZAVSHK 6023 Blatt 2 „Hygiene in Trinkwasser-Installationen – Gefährdungsanalyse“ sind grau hinterlegt und den jeweiligen Kommentierungen vorangestellt. Die Kommentare des Autors sind jeweils nach den hinterlegten Zitaten aufgeführt. Je nach Länge des Kapitels werden die Originaltexte in sinnvolle Abschnitte unterteilt und mit Kommentierungen versehen. Im Anschluss folgt der nächste Abschnitt des Kapitels inklusive Kommentierung.

Die Reihenfolge der Absätze der Kapitel dieses Kommentars stimmt mit der Reihenfolge der Kapitel der Richtlinie VDI/BTGA/ZVSHK 6023 Blatt 2 überein.

Beispiel eines grau hinterlegten Originaltextes aus der Richtlinie:

1 Anwendungsbereich

Diese Richtlinie gilt für alle Trinkwasser-Installationen auf Grundstücken, in Gebäuden nach § 3 Nummer 2, Buchstabe e TrinkwV [10]. Sie kann für andere Wasserversorgungsanlagen nach § 3 Nummer 2 Buchstabe b bis Buchstabe d und Buchstabe f TrinkwV [10] angewendet werden.

Soweit im nachfolgenden Kommentartext Gesetze, Verordnungen und Empfehlungen des Umweltbundesamts oder des Robert-Koch-Instituts zitiert werden, sind diese als rechtliche Anforderungen gelb hinterlegt.

Beispiel eines Zitats aus einem Gesetz:

Verordnung über die Qualität von Wasser für den menschlichen Gebrauch (TrinkwV [10])

§ 5 Mikrobiologische Anforderungen

(1) Im Trinkwasser dürfen Krankheitserreger im Sinne des § 2 Nummer 1 des Infektionsschutzgesetzes, die durch Wasser übertragen werden können, nicht in Konzentrationen enthalten sein, die eine Schädigung der menschlichen Gesundheit besorgen lassen.

Werden im Kommentartext Anforderungen anderer technischer Regelwerke zitiert, sind diese als normative Anforderungen blau hinterlegt.

Beispiel für ein Regelwerks-Zitat:

VDI/DVGW 6023 Hygiene in Trinkwasser-Installationen – Anforderungen an Planung, Ausführung, Betrieb und Instandhaltung [19]

Einleitung

(...) Hygiene im Sinne dieser Richtlinie ist die Gesamtheit aller Bestrebungen und Maßnahmen zur Verhütung von mittelbaren oder unmittelbaren gesundheitlichen Beeinträchtigungen und Störungen des Wohlbefindens (Unbehagen) beim einzelnen Nutzer. (...)

Grundlagen von Gutachten zur Gefährdungsanalyse in Trinkwasser-Installationen

Der Zweck der Trinkwasserverordnung (TrinkwV [10]) ist es, die menschliche Gesundheit vor den nachteiligen Einflüssen, die sich aus der Verunreinigung von Wasser ergeben, zu schützen. In der Verordnung selbst sowie in den allgemein anerkannten Regeln der Technik hat in den letzten Jahren ein erheblicher Wandel in Hinblick auf die Trinkwasserhygiene stattgefunden. Mit der ersten Änderung der TrinkwV [10] im Jahr 2011 wurde erstmals der technische Maßnahmenwert von 100 KBE/100 ml sowie die Untersuchungspflicht auf Legionellen auch für gewerblich genutzte Trinkwasser-Installationen definiert. Diese 100 koloniebildende Einheiten pro 100 ml gelten als Indikatorparameter für technische oder betriebstechnische Mängel in der Installation, bei dessen Überschreitung entsprechende Maßnahmen zur hygienisch-technischen Überprüfung der Trinkwasser-Installation im Sinne einer Gefährdungsanalyse vom Betreiber eingeleitet werden müssen.

Verordnung über die Qualität von Wasser für den menschlichen Gebrauch (TrinkwV [10])

§ 16 Besondere Anzeige- und Handlungspflichten

(7) Wird dem Unternehmer oder dem sonstigen Inhaber einer Wasserversorgungsanlage nach § 3 Nummer 2 Buchstabe d oder Buchstabe e bekannt, dass der in Anlage 3 Teil II festgelegte technische Maßnahmenwert überschritten wird, hat er unverzüglich

1. Untersuchungen zur Aufklärung der Ursachen durchzuführen oder durchführen zu lassen; diese Untersuchungen müssen eine Ortsbesichtigung sowie eine Prüfung der Einhaltung der allgemein anerkannten Regeln der Technik einschließen,
2. eine Gefährdungsanalyse zu erstellen oder erstellen zu lassen und
3. die Maßnahmen durchzuführen oder durchführen zu lassen, die nach den allgemein anerkannten Regeln der Technik zum Schutz der Gesundheit der Verbraucher erforderlich sind.

Der Unternehmer und der sonstige Inhaber teilen dem Gesundheitsamt unverzüglich die von ihnen ergriffenen Maßnahmen mit. Zu den Maßnahmen nach Satz 1 haben der Unternehmer und der sonstige Inhaber Aufzeichnungen zu führen oder führen zu lassen. Die Aufzeichnungen haben sie nach dem Abschluss der erforderlichen Maßnahmen nach Satz 1 Nummer 3 zehn

Jahre lang verfügbar zu halten und dem Gesundheitsamt auf Anforderung unverzüglich vorzulegen. Bei der Durchführung von Maßnahmen nach Satz 1 Nummer 2 und 3 haben der Unternehmer und der sonstige Inhaber die Empfehlungen des Umweltbundesamtes zu beachten. Über das Ergebnis der Gefährdungsanalyse und sich möglicherweise daraus ergebende Einschränkungen der Verwendung des Trinkwassers haben der Unternehmer und der sonstige Inhaber der Wasserversorgungsanlage unverzüglich die betroffenen Verbraucher zu informieren.

Nach § 37 Abs. 1 Infektionsschutzgesetz – IfSG, 7. Abschnitt – Wasser [3] darf durch Trinkwasser eine Schädigung der menschlichen Gesundheit nicht zu besorgen sein. Der Besorgnisbegriff ist durch die Rechtsprechung geklärt. Danach ist eine Gesundheitsschädigung nur dann nicht zu besorgen, wenn hierfür keine, auch noch so wenig naheliegende Wahrscheinlichkeit besteht. Eine Gesundheitsschädigung muss nach menschlicher Erfahrung unwahrscheinlich sein. Durch diesen Präventionsgedanken soll gerade auch abstrakten Gefahren vorgebeugt werden. Präventive Maßnahmen sind deshalb schon in einem sehr frühen Verdachtsstadium zu ergreifen.

Verschiedene Untersuchungen belegen das Risiko, dass die Trinkwasserqualität durch Legionellenbefall gefährdet werden kann. So wies jede sechste (16 %) der von der Agrolab Group im Jahr 2014 untersuchten Trinkwasseranlagen eine zu hohe Legionellenkonzentration auf. Bei 1 % der geprüften Anlagen musste ein sofortiges Duschverbot ausgesprochen werden. Gemäß TrinkwV [10] muss ab einer Kontamination von > 100 KBE/100 ml an einer Probennahmestelle eine „ereignisorientierte" Gefährdungsanalyse stattfinden (technischer Maßnahmenwert für Legionellen von 100 KBE/100 ml überschritten). Im Rahmen einer gutachterlichen Ausarbeitung über die Gefährdungen, die von einer Trinkwasser-Installation ausgehen, geht es im Wesentlichen darum, notwendige Maßnahmen aufzuzeigen, um die Trinkwasser-Installation so zu verbessern, dass sie wieder den allgemein anerkannten Regeln der Technik entspricht und dass das abzugebende Trinkwasser keine Gesundheitsgefährdung für die Verbraucher darstellt. Aber auch ohne bereits nachgewiesene Keimproblematik kann eine einmalige oder regelmäßige Analyse (z. B. „water safety plan") ein probates Mittel zur Aufdeckung von möglichen Schwachstellen innerhalb der Trinkwasser-Installation (systemorientiert) sein. Der Betreiber erhält somit eine umfassende Übersicht über den planerischen, bau-, betriebstechnischen und hygienischen Zustand seiner Trinkwasser-Installation.

Was nun jedoch unter dem im Jahr 2011 neu eingeführten Begriff der „Gefährdungsanalyse" zu verstehen war, war nur den wenigen Eingeweihten bekannt, die sich bereits im Vorfeld mit dem politischen Verfahren zur Änderung der Verordnung beschäftigt haben. In der Begründung zum Referentenentwurf zur Änderung der Trinkwasserverordnung aus dem Jahre 2009 hieß es damals:

> „Die Nichteinhaltung des technischen Maßnahmenwertes für Legionellen ist ein Hinweis auf technische oder organisatorische Unzulänglichkeiten in der Trinkwasser-Installation. Zur Abklärung der Ursache für diese Nichteinhaltung muss eine Ortsbesichtigung durchgeführt und von Sachverständigen überprüft werden, welche Gefährdung für die Nutzer des Trinkwassers aus dieser Installation besteht. Die Gefährdungsanalyse ist ein Instrument zur Abwehr von Gesundheitsgefährdungen. Insbesondere ist durch Sachverständige zu überprüfen, ob mindestens die allgemein anerkannten Regeln der Technik eingehalten sind. Auch bei niedrigeren Konzentrationen von Legionellen kann eine mögliche Infektion nicht ausgeschlossen werden“.

Eine Gefährdungsanalyse ist also grundsätzlich ein Gutachten zur hygienisch/technischen Analyse von Gefährdungen, welches eine dementsprechende Form aufweisen sollte. Die hier zu erstellende Ausarbeitung behandelt die Analyse von Gefährdungen und deren Darstellung, wie der Name bereits deutlich macht, nicht die bloße Auflistung von technischen Mängeln.

Seit 2011 wurden von unterschiedlichsten Protagonisten Schriftstücke mit dem Titel „Gefährdungsanalyse“ erstellt, die Mängel an Trinkwasser-Installationen aufzeigen und die notwendigen Maßnahmen zur Instandsetzung aufführen sollten, sodass nach einer Sanierung wieder einwandfreie Trinkwasserqualität entnommen werden konnte. Nach Abschluss der Sanierungsmaßnahmen muss die Installation bekanntlich wieder vollumfänglich den aktuellen und allgemein anerkannten Regeln der Technik entsprechen, sodass die Installation selbst das Trinkwasser in keiner Weise nachteilig beeinflusst.

Ohne konkrete Anforderungen erfüllten diese Unterlagen jedoch häufig nicht den zugedachten Zweck im Sinne der Trinkwasserverordnung, nämlich im Kern den Schutz der Gesundheit der Nutzer. Der überwiegende Teil der in den Jahren seit der ersten Änderung der TrinkwV [10] erstellten Unterlagen mit dem Titel „Gefährdungsanalyse“ erfüllte weder die Mindestanforderungen der aktuellen Trinkwasserverordnung noch die Vorgaben der UBA-Empfehlung zur Gefährdungsanalyse oder die wesentlich präziseren hygienisch-technischen Anforderungen der VDI/BTGA/ZVSHK 6023 Blatt 2 und waren damit für die Auftraggeber oftmals nicht zu verwerten.

Auf Grundlage des Regelwerks VDI/BTGA/ZVSHK 6023 Blatt 2 wurde durch den VDI zusammen mit einer akkreditierten und unabhängigen Zertifizierungsstelle ein Zeritifizierungsprogramm entwickelt, nach dem heute qualifizierte Fachleute gemäß den Vorgaben der Richtlinie geprüft und als Sachverständige zertifiziert werden können.

Fast zeitgleich trat am 09.01.2018 die 4. Änderung der Trinkwasserverordnung in Kraft. In dieser wurde erstmals der Begriff „Gefährdungsanalyse" inhaltlich definiert:

Verordnung über die Qualität von Wasser für den menschlichen Gebrauch (TrinkwV [10])

§ 3 Begriffsbestimmungen

im Sinne dieser Verordnung

13. ist „Gefährdungsanalyse" die systematische Ermittlung von Gefährdungen der menschlichen Gesundheit sowie von Ereignissen oder Situationen, die zum Auftreten einer Gefährdung der menschlichen Gesundheit durch eine Wasserversorgungsanlage führen können, unter Berücksichtigung
    a) der Beschreibung der Wasserversorgungsanlage,
    b) von Beobachtungen bei der Ortsbesichtigung,
    c) von festgestellten Abweichungen von den allgemein anerkannten Regeln der Technik,
    d) von sonstigen Erkenntnissen über die Wasserbeschaffenheit, die Wasserversorgungsanlage und deren Nutzung sowie
    e) von Laborbefunden und deren örtlicher Zuordnung.

Das DVGW-Arbeitsblatt W 556 „Hygienisch-mikrobielle Auffälligkeiten in Trinkwasser-Installationen; Methodik und Maßnahmen zu deren Behebung" [38] definierte im Jahr 2015 die Gefährdungsanalyse noch als „die Bewertung verfügbarer Informationen zur Identifizierung und Einstufung des durch eine Kontamination verursachten Gefährdungspotenzials in einer Trinkwasser-Installation". Das lässt sich heute inhaltlich mit den Anforderungen nach TrinkwV [10] vereinbaren, war jedoch ebenfalls noch sehr unspezifisch, da der Kernpunkt, nämlich der wesentliche Abgleich der Installation mit den Anforderungen der technischen Regelwerke, völlig unbeachtet blieb.

Die seit Januar 2018 geltenden, hygienisch/technisch sehr konkreten Vorgaben der VDI/BTGA/ZVSHK 6023 Blatt 2 sind geeignet und dienen dazu, die Anforderungen nach der Definition des § 3 Nr. 13 TrinkwV [10] zielgerichtet und vereinheitlicht umsetzen zu können. Die mit der Richtlinie vorgelegte technische Regel beschreibt den Konsens der Verkehrskreise und darf als Maßstab der einzuhaltenden Sorgfaltspflicht gelten. Normenausschüsse sind gewöhnlich pluralistisch zusammengesetzt, ihnen gehören auch Vertreter bestimmter Branchen und Unternehmen an, die ihre Eigeninteressen einbringen. Die verabschiedeten Normen sind dann nicht selten das Ergebnis eines Kompromisses der unterschiedlichen Zielvorstellungen, Meinungen, Interessenlagen und Standpunkte.

Spezifische Eigeninteressen bestimmter Branchen spielten bei Erstellung der VDI/BTGA/ZVSHK 6023 Blatt 2 keine Rolle, da in diesem Richtlinienausschuss ausschließlich Experten vertreten waren, die zwar ein fachliches Interesse, jedoch keinerlei Vertriebsinteressen verfolgten.

Erarbeitet wurde dieses Regelwerk ehrenamtlich gleichermaßen von

- Mitgliedern der Trinkwasserkommission des Bundesministeriums für Gesundheit,
- Mitarbeitern von kommunalen und Landes-Gesundheitsämtern,
- Juristen,
- Vertretern des SHK-Fachhandwerks (ZVSHK, mehrere LVe SHK),
- einem Vertreter des DVGW,
- Vertretern der figawa (Industrie),
- Vertretern der SHK-Planer und des Facility Managements (BTGA, GTGA),
- Mitarbeitern der Versicherungswirtschaft,
- Vertretern von Betreiberunternehmen (UsI),
- Mitarbeitern des Umweltbundesamts,
- anerkannten Fachleuten im Bereich der Gefährdungsanalyse (Sachverständige),
- Mikrobiologen/Hygienikern und
- Vertretern der Wissenschaft (Hochschulen).

Die formalen ebenso wie die hygienisch/technischen Anforderungen der VDI/BTGA/ZVSHK 6023 Blatt 2 begründen u.a. damit also eine tatsächliche Vermutung dafür, dass sie als allgemein anerkannte Regeln Festlegungen und Vorgehensweisen enthält, die einer objektiven Kontrolle standhalten. Die Verbände-Richtlinie VDI/BTGA/ZVSHK 6023 Blatt 2 „Hygiene in Trinkwasser-Installationen – Gefährdungsanalyse“ ist die derzeit einzige allgemein anerkannte Regel der Technik zum Thema Gefährdungsanalyse in Trinkwasser-Installationen und ist als solche auch Teil der Anforderungen nach § 17 Abs. 1 TrinkwV [10].

Verordnung über die Qualität von Wasser für den menschlichen Gebrauch (TrinkwV [10])

§ 17 Anforderungen an Anlagen für die Gewinnung, Aufbereitung oder Verteilung von Trinkwasser

(1) Anlagen für die Gewinnung, Aufbereitung oder Verteilung von Trinkwasser sind mindestens nach den allgemein anerkannten Regeln der Technik zu planen, zu bauen und zu betreiben.

Die Beauftragung einer Gefährdungsanalyse bei Bedarf gehört gem. den Anforderungen in § 16 Abs. 3 und Abs. 7 TrinkwV [10], ebenso wie die regelmäßigen Trinkwasseruntersuchungen oder die kontinuierliche Instandsetzung, zum bestimmungsgemäßen Betrieb einer Trinkwasser-Installation. Gemäß § 17 Abs. 1 TrinkwV [10] ist der Unternehmer oder sonstige Inhaber einer Trinkwasser-Installation verpflichtet, die Anlage mindestens nach den allgemein anerkannten Regeln der Technik zu betreiben. Damit sind die Vorgaben der Verbände-Richtlinie VDI/BTGA/ZVSHK 6023 Blatt 2 zur Gefährdungsanalyse verbindlich und alle Unterlagen oder Dokumente, die nicht mindestens in Aufbau und Inhalt der Richtlinie entsprechen, stehen im Widerspruch zu den allgemein anerkannten Regeln der Technik und damit zur TrinkwV [10].

Jeder Betreiber ist grundsätzlich verpflichtet, die sich aus dem Betrieb der Trinkwasser-Installation ergebenden möglichen Gefährdungen zu analysieren (Instandhaltung, Gefährdungsanalyse) und geeignete Vorkehrungen zu deren Vermeidung zu treffen (bestimmungsgemäßer Betrieb einschließlich Instandhaltung). Im Sinne der Verbände-Richtlinie wird nun ein Gutachten zur Gefährdungsanalyse umfassend sowohl im Hinblick auf den technischen als auch auf den hygienegerechten Funktionserhalt verstanden. Die Richtlinie macht – ganz im Sinne des § 3 Nr. 13 TrinkwV [10] – entsprechende Vorgaben für die Durchführung eines ereignisorientierten Gutachtens zur Gefährdungsanalyse inklusive Ortsbesichtigung der Trinkwasser-Installationen nach § 16 Abs. 7 TrinkwV [10] (Überschreitung des technischen Maßnahmewerts). Sie kann jedoch auch für Untersuchungen zur Aufklärung der Ursache anderer Abweichungen nach § 16 Abs. 3 TrinkwV [10] angewendet werden (nachteilige Veränderungen der Trinkwasserqualität bzw. Abweichungen von den Anforderungen der §§ 5–7 TrinkwV [10]). Ferner kann das Gutachten zur Gefährdungsanalyse auch systemorientiert (präventiv) durchgeführt werden, d. h. es liegt noch gar keine nachteilige Veränderung der Trinkwasserqualität vor und der Auftraggeber möchte lediglich vorsorglich wissen, wie es um den Zustand seiner Installation bestellt ist.

Im Sinne der VDI/BTGA/ZVSHK 6023 Blatt 2 ist jede hygienerelevante Abweichung von den einschlägigen allgemein anerkannten Regeln der Technik grundsätzlich als Mangel definiert. Wenn Informationsbroschüren, Leitlinien und Merkblätter von Vereinen oder Berufsverbänden dann zwischen „noch regelkonformen Schwachstellen“, „leichten regelwidrigen Defiziten“ oder „gravierenden regelwidrigen Defiziten“ unterscheiden, ist diese Bewertung weder zielführend noch den a. a. R. d. T. entsprechend.

Die Analyse von Trinkwasser-Installationen im Bestand auf mögliche Gefährdungen für die menschliche Gesundheit soll dem Betreiber eine konkrete Feststellung der planerischen, bau- oder betriebstechnischen Mängel einer Anlage liefern. Darüber hinaus soll sie darin unterstützen, notwendige Abhilfemaßnahmen zu identifizieren. Welche Anforderungen an eine solche Analyse gestellt werden, definiert die Richtlinie VDI/BTGA/ZVSHK 6023 Blatt 2.

Kommentar zur Richtlinie

Einleitung

Einleitung

Das aus einer Trinkwasser-Installation abgegebene Wasser muss stets den Anforderungen der Trinkwasserverordnung (TrinkwV [10]) entsprechen.

Die oberste gesetzliche Anforderung ist der Schutz von Leben und Gesundheit. Der verantwortliche Betreiber ist verpflichtet, den bestimmungsgemäßen Betrieb der Trinkwasser-Installation inklusive der erforderlichen Instandhaltung der Trinkwasser-Installation zu gewährleisten.

Die Grundsätze zur Verkehrssicherungspflicht sind zu beachten. Die Pflicht zur Instandhaltung von Trinkwasser-Installationen setzt nicht erst dann ein, wenn mit Verschleißerscheinungen zu rechnen ist, sondern sie besteht grundsätzlich. Die mit der Verkehrssicherungspflicht verbundenen Instandhaltungsaufgaben des Betreibers beginnen mit der Abnahme/Übergabe oder dem Befüllen der Trinkwasser-Installation (Gefahrenübergang).

Voraussetzung für die Einhaltung der Hygieneanforderungen ist ein hygienisch einwandfreier Anlieferungszustand sowohl des bezogenen Trinkwassers als auch aller Komponenten der Trinkwasser-Installation. Die Verantwortung hierfür liegt im Sinne einer lückenlosen Qualitätskette bei allen Beteiligten, insbesondere den Regelgebern der überbetrieblichen und betrieblichen Anforderungen und den Zertifizierern und Prüfstellen der Produkte, dem Wasserversorgungsunternehmen und den Herstellern, dem Zwischenhandel sowie dem Anlagenplaner, Anlagenerrichter und dem Instandhalter und Nutzer.

Jeder Betreiber ist verpflichtet, die aus dem Betrieb der Trinkwasser-Installation denkbaren Gefährdungen zu analysieren (Instandhaltung, Gefährdungsanalyse) und geeignete Vorkehrungen zu deren Vermeidung zu treffen (bestimmungsgemäßer Betrieb).

Bereits in der umfangreichen Einleitung zur Richtlinie VDI/BTGA/ZVSHK 6023 Blatt 2 wird auf wesentliche Aspekte eingegangen, die im Folgenden detailliert zu erörtern sind, da diese für das Verständnis und die Anwendung der Richtlinie unerlässlich sind.

Besorgnisgrundsatz

In Europa gilt u. a. hinsichtlich des Gesundheitsschutzes das sogenannte „Vorsorgeprinzip“, welches verhindern soll, dass Gefahrensituationen überhaupt erst eintreten. Das Vorsorgeprinzip zielt darauf ab, trotz fehlender Kenntnisse über Art, Ausmaß oder Eintrittswahrscheinlichkeit von möglichen Schadensfällen vorbeugend zu handeln, um Schäden von vornherein zu vermeiden. Das bedeutet, dass eine fehlende Gewissheit bezüglich einer konkreten Gefahr keine Begründung oder Entschuldigung für die Unterlassung von risikominimierenden Maßnahmen sein darf. Beim Vorsorgeprinzip müssen, wie es das Bundesverwaltungsgericht formuliert hat, „auch solche Schadensmöglichkeiten in Betracht gezogen werden, ... für die noch keine Gefahr, sondern nur ein Gefahrenverdacht oder ein Besorgnispotential besteht. ...“. Ist es also demnach möglich, dass ein Schaden eintreten könnte, müssen wir uns und vor allem andere gegen die Besorgnis dieses Risikos schützen. Entsprechend wurde mit dem technischen Maßnahmenwert für Legionellen in der ersten Überarbeitung der TrinkwV [10] im Jahr 2011 erstmals ein Wert definiert, bei dessen Überschreiten eine vermeidbare Gesundheitsgefährdung zu besorgen ist. Nach Trinkwasserverordnung darf also noch nicht einmal die „Besorgnis bestehen“, dass Krankheitserreger im Trinkwasser zu Infektionen führen könnten.

Die Qualitätsanforderungen an das Trinkwasser, das damit zu den am besten, wenn nicht sogar zu dem am besten überwachten Lebensmittel gehört, sind kein Selbstzweck. Vielmehr ist einwandfreies Trinkwasser eine unabdingbare Voraussetzung für unsere Gesundheit und gute Lebensqualität. Dieser hohe Rang rechtfertigt den Schutz der Trinkwasserversorgung auch gegen nicht sehr wahrscheinliche Gefahreneintritte, denn „Vorsicht ist besser als Nachsicht“.

Betreiberverantwortung

Bekanntlich obliegen den Unternehmern und sonstigen Inhabern von Trinkwasser-Installationen verschiedene Verpflichtungen. Die verantwortlichen Betreiber müssen gemäß der Trinkwasserverordnung ganz allgemein z. B. die folgenden Erfordernisse erfüllen:

- die Pflicht zum bestimmungsgemäßen Betrieb der Anlage
- die Pflicht zur Instandhaltung
- die „Zapfstellenverantwortung“
- die Pflicht zur regelmäßigen Beprobung und Meldung an Gesundheitsamt als Überwachungsbehörde

- die Pflicht zur Umrüstung nicht ordnungsgemäßer Anlagen mit der damit verbundenen technischen Verbesserung.
- die Pflicht zur Information der Nutzer über die Qualität des bereitgestellten Trinkwassers

Neben den bereits benannten Verpflichtungen aus der Trinkwasserverordnung bzw. aus der Verordnung über Allgemeine Bedingungen für die Versorgung mit Wasser (AVBWasserV) [9] haben Betreiber weitere Verpflichtungen zu beachten. Hierzu zählt vor allem die Verkehrssicherungspflicht im Sinne des § 823 BGB.

Die Grundsätze der Verkehrssicherungspflichten verlangen, dass derjenige, der eine Gefahrenquelle schafft, fachkundig und zuverlässig die erforderlichen Schutzmaßnahmen zu erfüllen hat, die den sicheren Betrieb garantieren. Zur Beurteilung der notwendigen Schutzvorkehrungen verweist die Rechtsprechung auf das verkehrsübliche Maß an Sorgfalt. Bei der Bewertung dieser Anforderung sind die anerkannten Regeln der Technik der relevante Sorgfaltsmaßstab. Oder anders ausgedrückt: Wer eine Gefahrenquelle schafft oder eine solche hätte erkennen können, hat zum Schutz der Benutzer und Dritter vorbeugend Maßnahmen zu treffen.

Bürgerliches Gesetzbuch (BGB)

§ 823 Schadensersatzpflicht

(1) Wer vorsätzlich oder fahrlässig das Leben, den Körper, die Gesundheit, die Freiheit, das Eigentum oder ein sonstiges Recht eines anderen widerrechtlich verletzt, ist dem anderen zum Ersatz des daraus entstehenden Schadens verpflichtet.

Inhaber von Trinkwasser-Installationen sind dazu verpflichtet, die Genusstauglichkeit und Reinheit ihres abgegebenen Wassers zu gewährleisten. Die Umsetzung dieser Anforderung dient der Erfüllung der Verkehrssicherungspflicht, die auf den allgemein anerkannten Regeln der Technik aufbaut und deren Nichteinhaltung haftungsrechtliche Folgen nach sich ziehen kann. Die Trinkwasserverordnung verpflichtet Unternehmer oder sonstige Inhaber, abgegebenes Wasser kontinuierlich genusstauglich und rein sowie frei von krankheitserregenden Keimen zu halten. Bei schuldhaften Verstößen gegen die in der Trinkwasserverordnung festgelegten Pflichten drohen Vermietern ordnungsrechtliche Bußgelder bzw. Strafverfahren. Zudem haben Vermieter in einem Schadensfall möglicherweise Schadenersatz und unter Umständen Schmerzensgeld zu zahlen, wenn sie ihre Verkehrssicherungspflichten nicht beachten und sich daraus folgend Schadensfälle entwickeln.

Die Grundlage jedes Mietvertrags ist § 535 BGB, in dem u. a. klargestellt wird, dass der Vermieter die Mietsache dem Mieter in einem zum vertragsgemäßen Gebrauch geeigneten Zustand zu überlassen und sie während der Mietzeit in diesem Zustand zu erhalten hat. Auch hier ist also die Pflicht zur Instandhaltung fest verankert.

Verkehrssicherungspflicht

Der BGH urteilte im Jahr 2015, dass ein Betreiber die Verkehrssicherungspflicht verletzt, wenn er die Trinkwasser-Installation nicht regelmäßig instandhalten lässt und die Temperaturhaltung nicht den a. a. R. d. T. entspricht: „Wer die Pflicht zur regelmäßigen Kontrolle des Trinkwassers unterlässt, haftet auf Schadenersatz und Schmerzensgeld, wenn ein Personenschaden eintritt." BGH Urteil vom 06. 05. 2015, VIII ZR 161/14.

Die Pflicht zur Einhaltung der bauseitigen Anforderungen bzw. der Parameter für den bestimmungsgemäßen Betrieb einer Anlage wird also Verkehrssicherungspflicht genannt. Bei Eintritt möglicher Folgen oder möglicher Schäden haftet der Unternehmer und sonstige Inhaber der Anlage. Unkenntnis über die technischen Anforderungen oder über die möglichen Schäden sind dabei unerheblich, da Inhaber von Trinkwasser-Installationen alle Sicherungsvorkehrungen zu treffen haben, die nach gewissenhafter Beurteilung für ausreichend angesehen werden, um die Nutzer der Anlage vor Schäden zu bewahren. Diese Anforderungen werden mit der Umsetzung der technischen Regelwerke erfüllt. Derjenige, der die technischen Regelwerke im bestimmungsgemäßen Betrieb anwendet und umsetzt (Nutzung wie ursprünglich geplant, Vermeidung von Stagnation, Einhaltung korrekter Temperaturen, Maßnahmen zum Schutz des Trinkwassers, vollständige Instandhaltung durch fachkundigen Installateur), darf für sich in Anspruch nehmen, alles Nötige und Zumutbare unternommen zu haben. Dagegen wird die Nichteinhaltung der allgemein anerkannten Regeln der Technik in der Rechtsprechung als grob fahrlässig angesehen und führt zu haftungsrechtlichen Konsequenzen.

Die Beprobungspflicht von Anlagen ist beispielsweise eine ordnungsrechtliche Vorgabe. Eine regelmäßige Beprobung über den Lauf mehrerer Jahre, eine Dokumentation zu den Betriebsparametern (Temperaturverhältnisse, tatsächliche Wasserverbräuche) und die genauen Kenntnisse der bauseitigen Situation der Anlage (Speichervolumen, keine Totstränge) sind das Maß an Sorgfalt, das tatsächlich erwartet wird, um ein haftungsbegründendes Fehlverhalten zu vermeiden.

Jeder Unternehmer und sonstige Inhaber ist demnach verpflichtet, die Benutzer von Anlagen vor Gefahren zu schützen, die über das übliche Risiko bei der Anlagenbenutzung hinausgehen, nicht ohne Weiteres erkennbar und vom Benutzer nicht vorhersehbar sind. Die seit Langem bestehenden Grundsätze zu den Verkehrssicherungspflichten werden von den gerichtlichen Instanzen immer wieder bestätigt.

Im Sinne dieser Richtlinie wird die Gefährdungsanalyse umfassend sowohl im Hinblick auf den technischen als auch auf den hygienegerechten Funktionserhalt verstanden. Das Ergebnis ist ein Gutachten, das alle Abweichungen von den allgemein anerkannten Regeln der Technik erfasst, etwaige Gefährdungen hieraus ableitet und alle zur Gefahrenvermeidung erforderlichen Maßnahmen darstellt.

Unter dem technischen Funktionserhalt wird die Gebrauchstauglichkeit der Trinkwasser-Installation verstanden, d. h. dass durch eine prozessorientierte Instandhaltung beispielsweise die Transportfunktion der Leitungen gewährleistet ist, übermäßige Fließgeschwindigkeiten oder geringe Entnahmearmaturendurchflüsse vermieden werden und dass an allen Entnahmestellen die Gebrauchstauglichkeit unter Berücksichtigung des Druckes, der Entnahmearmaturendurchflüsse, der Wassertemperatur und der Nutzung des Gebäudes ermöglicht wird.

Der hygienegerechte Funktionserhalt zielt darauf ab, dass Trinkwasserverunreinigungen vermieden werden und dass keine Gefährdungen oder Unannehmlichkeiten für Personen und Haustiere entstehen. Die Installation selbst und die Betriebsweise der Installation dürfen keine nachteiligen Veränderungen der Trinkwasserqualität verursachen oder begünstigen.

Gefährdungen für die menschliche Gesundheit können an unterschiedlichen Stellen des Versorgungssystems auftreten und durch unterschiedliche Ereignisse ausgelöst werden. Wenn z. B. die Temperaturen in einigen Teilen der Kaltwasserleitungen sich durch Stagnationsbedingungen oder mangelhafte Durchströmung erhöhen, kann das zu wachstumsfördernden Bedingungen für pathogene Mikroorganismen führen, die dann an der Entnahmestelle auf den Menschen übertragen werden. Aber auch wenn Anlagen oder Apparate unmittelbar mit dem Trinkwasser verbunden sind, in denen sich Nichttrinkwasser befindet (Heizungs- oder Klimaanlagen, Kaffee- und Getränkeautomaten, Feuerlöschleitungen u. A.), kann es durch Vermischung zu nachteiligen Veränderungen im Trinkwasser kommen. Bei einer Gefährdungsanalyse geht es folglich darum, systematisch alle Gefährdungen und möglichen Ereignisse zu ermitteln, die zu einer Schädigung der menschlichen Gesundheit führen können.

Legionellen sind dabei jedoch nur einer der Indikatoren für technische Missstände in einer Trinkwasser-Installation, die eine vermeidbare Gesundheitsgefährdung anzeigen. Entsprechend sind im Rahmen einer Ortsbesichtigung zur Prüfung auf Einhaltung der allgemein anerkannten Regeln der Technik nicht nur die technischen und betriebstechnischen Mängel zu erfassen, die zu einer Kontamination mit Legionellen innerhalb der Installation geführt haben können, sondern darüber hinaus müssen in der Gefährdungsanalyse auch alle weiteren möglichen, erkennbaren Gefahrenquellen, ausgehend von der Trinkwasser-Installation, ermittelt werden. Nur wenn die Gefahrenpunkte bekannt sind, können geeignete Maßnahmen getroffen werden, um alle denkbaren Risiken zu beseitigen.

Die Erarbeitung einer Gefährdungsanalyse und die Ableitung eines Instandhaltungsplans erfordern eine umfassende Fachkunde. Als fachkundig gilt der Sachverständige, der aufgrund

- seiner fachlichen Ausbildung,
- seiner Kenntnisse und
- zeitnaher beruflicher Tätigkeit sowie
- seiner Kenntnis der allgemein anerkannten Regeln der Technik

alle Anlagenkomponenten und deren Zusammenwirken innerhalb der gesamten Trinkwasser-Installation beurteilen und mögliche Gefahren erkennen kann.

Die Richtlinie schafft eine praxisnahe Grundlage zur Erstellung von vereinheitlichten und zielführenden Gefährdungsanalysen.

Der Wert eines Gutachtens steht und fällt also mit der Expertise der Person des Gutachters. Für die Qualität ist allein der jeweilige Bearbeiter des Gutachtens und nicht die Firma oder die Institution entscheidend. Der Auftraggeber muss bei der Auftragsvergabe von Gutachten – wie Gefährdungsanalysen – diesen bekannten Zusammenhang beachten und den Qualifikationsnachweis des jeweiligen Sachbearbeiters einfordern.

Bereits mit der ersten Änderungsverordnung zur Trinkwasserverordnung im Jahr 2011 in Deutschland wurde die Gefährdungsanalyse bei Überschreitung des technischen Maßnahmenwerts für Legionellen auch in Wohngebäuden eingeführt. In der Begründung zur Änderung der Trinkwasserverordnung hieß es damals:

> „Zur Abklärung der Ursache für diese Nichteinhaltung muss eine Ortsbesichtigung durchgeführt und von Sachverständigen überprüft werden, welche Gefährdung für die Nutzer des Trinkwassers aus dieser Installation besteht. Insbesondere ist durch Sachverständige zu überprüfen, ob mindestens die allgemein anerkannten Regeln der Technik (a. a. R. d. T.) eingehalten sind. Auch bei niedrigeren Konzentrationen von Legionellen kann eine mögliche Infektion nicht ausgeschlossen werden."

Hier wurde bereits in der Begründung klargestellt, dass eine Überschreitung des technischen Maßnahmenwerts immer technische oder betriebstechnische Ursachen hat und die Mängel an einer Trinkwasser-Installation durch technische Sachverständige (nicht durch Naturwissenschaftler, Mikrobiologen, Hygieniker oder Mediziner) identifiziert und bewertet werden müssen. Schließlich reicht es heute nicht mehr aus, die Anforderungen der §§ 5 bis 7a der TrinkwV [10] einzuhalten; die Anlage muss trotzdem einen technischen Mindeststandard einhalten, der in den allgemein anerkannten Regeln der Technik festgelegt ist (siehe § 4 Abs. 1 bis 3 TrinkwV [10]).

Verordnung über die Qualität von Wasser für den menschlichen Gebrauch (TrinkwV [10])

§ 4 Allgemeine Anforderungen

(1) Trinkwasser muss so beschaffen sein, dass durch seinen Genuss oder Gebrauch eine Schädigung der menschlichen Gesundheit insbesondere durch Krankheitserreger nicht zu besorgen ist. Es muss rein und genusstauglich sein. Diese Anforderung gilt als erfüllt, wenn

1. bei der Wassergewinnung, der Wasseraufbereitung und der Wasserverteilung mindestens die allgemein anerkannten Regeln der Technik eingehalten werden und
2. das Trinkwasser den Anforderungen der §§ 5 bis 7a entspricht.

Grundvoraussetzung für eine Tätigkeit als Sachverständiger ist immer fachliche Kompetenz! Die Erarbeitung einer Gefährdungsanalyse und die Ableitung eines Sanierungs- und Instandhaltungsplans erfordern eine umfassende hygienisch-technische Fachkunde. Als fachkundig gilt nach der Richtlinie der Sachverständige, der aufgrund

- seiner fachlichen Ausbildung,
- seiner Kenntnisse und

- zeitnahen beruflichen Tätigkeit sowie
- seiner Kenntnis der allgemein anerkannten Regeln der Technik

alle Anlagenkomponenten und deren Zusammenwirken innerhalb der gesamten Trinkwasser-Installation beurteilen und mögliche Gefahren erkennen kann.

Um die Mindestanforderungen und Inhalte an die Gefährdungsanalyse genauer zu definieren, veröffentlichte das Umweltbundesamt im Jahr 2012 erste, teils sehr allgemein formulierte „Empfehlungen für die Durchführung einer Gefährdungsanalyse“. Unter Punkt 5 dieser UBA-Empfehlung wurde hier erstmals eine Anforderung formuliert, wer als geeignet angesehen wird, eine Gefährdungsanalyse zu erstellen. Als Durchführende kommen demnach qualifizierte Personen in Betracht, die ein einschlägiges Studium oder eine dementsprechende Berufsausbildung nachweisen können und bei denen zusätzlich spezielle Fortbildungen eine weitere Vertiefung erkennen lassen. Zudem muss der Ersteller der Gefährdungsanalyse unbefangen in Bezug auf die kontaminierte Anlage sein und er darf keine damit verbundenen finanziellen Interessen verfolgen, sodass das Gutachten in jedem Fall objektiv erstellt wird.

Lediglich vermutet wird demnach eine ausreichende Qualifikation („ ... wird als geeignet angesehen ...“), wenn die betreffende Person (nicht das beauftragte Unternehmen) ein einschlägiges Studium aufweisen kann, z. B. Versorgungstechnik mit Schwerpunkt Sanitär-, Umwelt- und Hygienetechnik ... oder eine dementsprechende Berufsausbildung nachweisen kann, d. h. Installateur- und Heizungsbauermeister, staatl. geprüfter Techniker HKLS, und zusätzlich noch fortlaufende spezielle berufsbegleitende Fortbildungen eine weitere Vertiefung erkennen lassen (z. B. Zertifikat Kategorie A nach VDI/DVGW 6023 [19]).

„Fortlaufend“ bedeutet in diesem Zusammenhang, dass in gewissen Abständen immer mal wieder einschlägige Seminare zum Thema Trinkwasserhygiene besucht werden müssen (in der Regel zwei bis drei pro Jahr), um stets auf dem aktuellen Wissensstand zu sein.

Wenn die Kenntnisse, der Sachverstand und die Praxiserfahrung des Durchführenden nicht ausreichen, sollte ein Team zusammengestellt werden, in dem Personen mit den benötigten verschiedenen Qualifikationen vertreten sind.

Doch der Unternehmer oder sonstige Inhaber (UsI) bleibt in der Verantwortung: Im Falle von Schadenersatzforderungen vor Gericht kann es wichtig sein, die Unabhängigkeit und ausreichende Qualifikation des hinzugezogenen Sachverstandes belegen zu können, da im Rahmen der Delegation von Aufgaben an Auftragnehmer (z. B. Beauftragung einer Gefährdungsanalyse) eine Auswahlpflicht besteht. Es muss belegbar sein, dass ein Sachverständiger beauftragt wurde, der nachweislich für die Durchführung dieser Aufgabe geeignet ist.

Daher empfiehlt es sich, einer Gefährdungsanalyse im Anhang auch immer die Qualifikationsnachweise des erstellenden Sachverständigen beizufügen (z.B. Kopien von Meisterbrief oder Diplom, Zertifikat einer VDI/DVGW 6023[19]-Schulung Kat. A u.Ä.) Der Auftraggeber kann anhand der Nachweise im Zweifelsfall belegen, dass er seiner Verpflichtung zur sorgfältigen Auswahl bei der Auftragsvergabe nachgekommen ist.

Allgemein anerkannte Regeln der Technik

Die allgemein anerkannten Regeln der Technik sind technische Regeln für die Planung und Ausführung baulicher Anlagen sowie deren Betrieb und Instandhaltung, die in Technik und Wissenschaft als theoretisch richtig anerkannt sind und feststehen. Es handelt sich um Regeln, die insbesondere in dem Kreis der für die Anwendung der betreffenden Regeln maßgeblichen, nach dem aktuellem Erkenntnisstand gebildeten Techniker bekannt und aufgrund praktischer Erfahrung als technisch geeignet, angemessen und notwendig anerkannt sind. Dies ist bei technischen Festlegungen zu vermuten, die nach einem Verfahren zustande gekommen sind, das allen betroffenen Fachkreisen die Möglichkeit der Mitwirkung bietet (sogenannte „Konsensverfahren“).

Wichtiger Hinweis

Die Einhaltung mindestens der einschlägigen allgemein anerkannten Regeln der Technik bildet die Grundvoraussetzung für einen sicheren und hygienisch einwandfreien Betrieb der Trinkwasser-Installation. Als allgemein anerkannte Regeln der Technik für Planung, Bau, Betrieb und Instandhaltung im Bereich der Trinkwasser-Installation gelten dabei vor allem die Richtlinien in der Reihe VDI 6023, VDI 3810, die Normen der Reihen DIN 1988 und DIN EN 806, der Norm DIN EN 1717 sowie die Arbeitsblätter DVGW W 551, DVGW W 553, DVGW W 556, DVGW W 557.

Der Begriff der „allgemein anerkannten Regeln der Technik“ ist gesetzlich nicht definiert. Gesetzgebung und Rechtsprechung verwenden sogenannte „unbestimmte Rechtsbegriffe“, um aktuelles Fachwissen zu definieren, das in den jeweiligen Verkehrskreisen für grundlegend und einleuchtend gehalten wird. Erklärt werden die „allgemein anerkannten Regeln der Technik“ als technische Regeln für den Entwurf, die Ausführung und den Betrieb baulicher Anlagen, die in der technischen Wissenschaft als theoretisch richtig anerkannt sind und feststehen sowie insbesondere in dem Kreise der für die Anwendung der betreffenden Regeln maßgeblichen, nach dem neuesten Erkenntnisstand vorgebildeten Techniker durchweg bekannt und aufgrund fortdauernder praktischer Erfahrung als technisch geeignet, angemessen und notwendig anerkannt sind.

Dies ist bei technischen Festlegungen zu vermuten, die nach einem Verfahren zustande gekommen sind, das allen betroffenen Fachkreisen die Möglichkeit der Mitwirkung bietet.

Es sind also die wissenschaftlich begründeten und in den Fachkreisen als richtig angesehenen technischen Lösungen, die dem aktuellen Wissensstand entsprechen und weitestgehend einvernehmlich von den jeweiligen Anwendern für stimmig gehalten werden. Das Bundesverwaltungsgericht hat hierzu ausgeführt: „Anerkannte Regeln der Technik sind diejenigen Prinzipien und Lösungen, die in der Praxis erprobt und bewährt sind und sich bei der Mehrheit der Praktiker durchgesetzt haben".

Durch die Verwendung unbestimmter Rechtsbegriffe wird erreicht, dass nicht der Gesetz- oder Verordnungsgeber, sondern die Fachleute selbst und die einschlägigen Regelsetzer (z. B. VDI, DVGW) den Status quo des nötigen Wissens festlegen und dessen Umsetzung dann das ergibt, was Juristen die „Einhaltung der im Verkehr erforderlichen Sorgfalt" nennen. In der Trinkwasserverordnung wird auf die allgemein anerkannten Regeln der Technik Bezug genommen, da sich technische Regeln und das darin niedergelegte Wissen mit fortschreitenden Erkenntnissen aus Wissenschaft und Technik ändern können.

Zudem werden die allgemein anerkannten Regeln der Technik auch strafrechtlich zur Bewertung herangezogen, wenn bei Planung, Leitung oder Ausführung eines Bauwerks (dazu zählen auch die technischen Anlagen innerhalb des Gebäudes) Leib und Leben anderer Menschen dadurch gefährdet werden, weil gegen die einschlägigen technischen Regeln verstoßen wurde. Der Standpunkt – „Ich bin Techniker, mit Paragrafenkram kenne ich mich nicht aus!" – kann also teuer werden.

Auch bezeichnet § 13 der Vergabe- und Vertragsordnung für Bauleistungen Teil B (VOB/B) eine Ausführung dann als mangelhaft, wenn diese nicht den Anforderungen der jeweiligen anerkannten Regeln der Technik entspricht.

Eine Trinkwasser-Installation ist also nur dann mangelfrei, wenn sie vollumfänglich den allgemein anerkannten Regeln der Technik entspricht und der Auftraggeber aus ihr jederzeit und an jeder Entnahmestelle einwandfreies Trinkwasser entnehmen kann, das den Anforderungen der §§ 5 bis 7a TrinkwV [10] entspricht.

Die Trinkwasser-Installation darf das Trinkwasser nicht in einer Weise nachteilig beeinflussen, dass die Qualitätsanforderungen der Trinkwasserverordnung nicht mehr eingehalten werden. Das wird auch nochmals deutlich, wenn man in die Allgemeinen Bedingungen für die Versorgung mit Wasser (AVBWasserV) [9] schaut, die die Grundlage jedes Wasserliefervertrags zwischen dem Wasserversorgungsunternehmen und dem Unternehmer oder sonstigen Inhaber der Trinkwasser-Installation bilden. Nach § 12 der AVBWasserV [9] ist festgelegt, dass die jeweilige Kundenanlage nur unter Beachtung der Vorschriften dieser Verordnung und anderer gesetzlicher oder behördlicher Bestimmungen sowie nach den anerkannten Regeln der Technik errichtet, erweitert, geändert und unterhalten werden darf.

Auf Grundlage von wissenschaftlicher Erkenntnis und Anerkennung in der Praxis, nicht allein aufgrund bloßen Bestehens, gehören zu den möglichen allgemeinen anerkannten Regeln der (Bau)technik z. B.:

- Richtlinien des Vereins Deutscher Ingenieure (VDI-Richtlinien)
- Unfallverhütungsvorschriften der Berufsgenossenschaften (UVV)
- Bestimmungen des Deutschen Vereins des Gas- und Wasserfaches (DVGW Arbeitsblätter)
- Von den Bauaufsichtsbehörden eingeführte Technische Baubestimmungen des Deutschen Instituts für Normung e. V.
- Europäische Normen (EN)
- Normen des Deutschen Instituts für Normung e. V. (DIN-Normen)

Es gibt noch eine Reihe weiterer Regelwerke, die den Status einer allgemein anerkannten Regel der Technik genießen, aber eben nicht jedes Papier, das irgendein Verein oder Verband herausgibt, zählt automatisch hierzu. Denn damit man einer technischen Regel unterstellen kann, sie sei auch allgemein anerkannt, müssen im Wesentlichen drei Bedingungen erfüllt sein:

1. **Unabhängigkeit und Ausgewogenheit**

   Eine allgemein anerkannte Regel der Technik (a. a. R. d. T.) muss nach einem transparenten, nachvollziehbaren Verfahren erarbeitet werden, das sicherstellt, dass die Inhalte die Belange aller am Thema interessierten Kreise ausgewogen wiedergeben. In den oben aufgelisteten Fällen ist dieses Verfahren in VDI 1000, DIN 820 bzw. DVGW G/W 100 beschrieben. Diese Regelwerke legen quasi die Spielregeln für die Besetzung der zuständigen Ausschüsse sowie für deren Beschlussfassung usw. fest.

2. **Öffentlichkeit**

   Der Öffentlichkeit – mindestens der Fachöffentlichkeit, das heißt der Community der Fachleute der an einem Thema interessierten Kreise – muss die Gelegenheit gegeben werden, Einfluss auf den Inhalt der a. a. R. d. T. zu nehmen. Dies geschieht durch ein Einspruchsverfahren. Wenn der Richtlinien- oder Normenausschuss der Meinung ist, seine Arbeit habe einen gewissen Abschluss erreicht und man könne sie nun der interessierten Öffentlichkeit vorstellen, wird ein Entwurf veröffentlicht und über die Fachpresse bekannt gemacht. Jedermann kann dann dazu eine Stellungnahme abgeben und hat das Recht, dass diese Stellungnahme ernsthaft geprüft wird und ihm die Entscheidung des Ausschusses über seine Stellungnahme mitgeteilt wird. Erst nach Behandlung aller Stellungnahmen wird dann eine „endgültige" Fassung veröffentlicht. Wer diese Möglichkeit der Mitarbeit nicht nutzt, sich also quasi enthält, demonstriert damit, dass er zumindest keine Einwände gegen die im Entwurf getroffenen Festlegungen hat.

3. **Aktualität**

   Eine a.a.R.d.T. muss aktuell sein. Das heißt: Nach einer gewissen Zeit, üblicherweise maximal fünf Jahren, muss geprüft werden, ob die Inhalte einer (bis dahin anerkannten) Regel der Technik noch aktuell sind. Die Technik entwickelt sich weiter, das Papier nicht. Daher wird nach dieser Frist geprüft, ob die jeweilige a.a.R.d.T. unverändert bestätigt werden kann (beispielsweise für weitere fünf Jahre), ob man sie im Gremium überarbeitet und den neuen Erkenntnissen anpasst oder ob sie komplett zurückgezogen wird.

Werden diese drei Bedingungen eingehalten, so liegt die Vermutung nahe, dass das Ergebnis der Arbeit eine a.a.R.d.T. ist. Nicht jedes Dokument, welches von VDI, DIN, DVGW oder andere Organisationen herausgeben wird, ist zwingend eine allgemein anerkannte Regel der Technik, sondern es gilt juristisch eine Vermutungswirkung. Im Einzelfall kann Zweifel am Status einer Regel begründet sein.

Nach herrschender Meinung besteht also eine widerlegbare Vermutung, dass kodifizierte technische Normen (DVGW-Arbeitsblätter, DIN-Normen, VDI-Richtlinien etc.) die „allgemein anerkannten Regeln der Technik" wiedergeben. Das folgt schon daraus, dass diese Normen zumeist aufgrund der vorherrschenden Ansicht der technischen Fachleute erstellt worden sind. Diese Vermutung ist im Zweifelsfall begründet zu widerlegen, insbesondere dann, wenn Anhaltspunkte dafür bestehen, dass die Norm z. B. veraltet oder überholt ist.

Aber auch wenn ein Normenausschuss nicht ausgewogen besetzt ist und eine Mehrheit von Interessensvertretern bestimmte Anforderungen normativ verankert sehen möchte, kann der Status eines Regelwerks als allgemein anerkannte Regel der Technik verloren gehen. In einem Verfahren vor dem OLG Hamm (Az. 12 U 73/18, Urteil vom 14.08.2019) wurde in der Urteilsbegründung über eine streitgegenständliche Bauausführung ausgesagt:

> „(...) Die Befragung habe ergeben, dass die Sachverständigen mit großer Mehrheit aufgrund einschlägiger Erfahrungen bestimmt hätten, dass es sich bei der streitgegenständlichen Art der Abdichtung um eine für die beiden höheren Wasserlastfälle nicht geeignete Bauweise handelt. Die Zulassung der streitgegenständlichen Art der Abdichtung sei also in DIN 18195 eingeführt worden in dem Wissen, dass die große Mehrheit der zuvor erwähnten Sachverständigen sie als mangelhaft bezeichnet habe, sodass DIN 18195 insoweit keine allgemein anerkannte Regel der Technik darstellen könne. Dabei müsse auch berücksichtigt werden, dass die Normenausschüsse, die die DIN-Normen verfassten, oftmals nicht mehr paritätisch besetzt seien, sondern von einschlägigen Interessenvertretern dominiert würden. (...)“.

Für andere Unterlagen, wie beispielsweise ZVSHK-Merkblätter, die technischen Mitteilungen der *figawa* oder DIN-Mitteilungen trifft diese Vermutung jedoch nicht zu. Eine DIN-Mitteilung, ein Leitfaden des BTGA oder eine „technische Mitteilung“ der *figawa* sind keine Regelwerke und erfüllen daher nicht die vorgenannten drei Bedingungen. Das Landgericht München 1 hat in seinem Beschluss vom 03. August 2020 (3 HK O 9066/20) zur Thematik von Wasserbehandlungsanlagen in Trinkwasser-Installationen klargestellt, dass eine DIN-Mitteilung des Normungsausschusses keine Rechtsverbindlichkeit besitzt, genauso wenig eine technische Mitteilung der Bundesvereinigung der Firmen im Gas- und Wasserfach e. V. (figawa).

Gleiches gilt für den Stellenwert von Kommentaren zu Regelwerken. Ein Kommentar ist immer nur das subjektive Meinungsbild der verfassenden Autoren, die sich bemühen, die verbindlichen Festlegungen der Regelwerke zu interpretieren, zu erklären oder anhand von Beispielen zu verdeutlichen. Oft sind solche Kommentare sehr hilfreich und nützlich, doch ergänzende Hinweise in Kommentaren haben keinesfalls irgendeinen verbindlichen Charakter und zählen auch nicht zu den geforderten allgemein anerkannten Regeln der Technik. Im Schadensfall kann der ausführende Fachunternehmer sich niemals auf die Hinweise in einem Kommentar zu einem Regelwerk berufen.

Anders sieht das aus bei Empfehlungen des Umweltbundesamtes. Obgleich der Titel „Empfehlung“ hier irreführend ist, gelten die Vorgaben dieser UBA-Empfehlungen in der Regel verbindlich. Nach § 40 IfSG [3] wird das Umweltbundesamt nämlich beauftragt und berechtigt, zu bestimmten Themen nach Anhörung der ständigen Trinkwasserkommission beim Bundesgesundheitsministerium solche Empfehlungen zu veröffentlichen. Hierbei handelt es sich demnach um sog. vorgezogene Rechtsgutachten und spätestens, wenn diese UBA-Empfehlungen in der Trinkwasserverordnung namentlich zur Einhaltung gefordert werden, erlangen diese „Empfehlungen" einen verbindlichen Gesetzescharakter.

Die Grundlage für ein Gutachten zur Gefährdungsanalyse sind immer die aktuellen, heute geltenden allgemein anerkannten Regeln der Technik, weil ein veraltetes und mehrfach überarbeitetes Regelwerk aus dem Jahr 1962 heute natürlich nicht mehr den Konsens der Fachwelt zur richtigen Ausführung einer Installation darstellt. Im Sinne der VDI/BTGA/ZVSHK 6023 Blatt 2 ist daher jede Abweichung von den aktuell geltenden allgemein anerkannten Regeln der Technik ein Mangel.

Die Auslegung von Regelwerken ist an sich noch keine Rechtsanwendung im Sinne der Trinkwasserverordnung, sondern lediglich eine Tatsachenfeststellung. Rechtliche Relevanz erhalten Regelwerke erst, wenn sie zur Konkretisierung der Verordnung rezipiert (d.h. namentlich zur Einhaltung benannt) wurden. In §16 Abs. 7 TrinkwV [10] wurde zunächst die UBA-Empfehlung zur Gefährdungsanalyse namentlich benannt, sodass diese zu beachtende Unterlage damit Verbindlichkeit bekommt. Die verbindliche UBA-Empfehlung wiederum konkretisiert dann, welche Regelwerke in Bezug auf die Trinkwasserhygiene genau gemeint sind, wenn von den allgemein anerkannten Regeln der Technik gesprochen wird. Hier heißt es unter Punkt 4 „Grundlage der Gefährdungsanalyse sind die Anforderungen der Trinkwasserverordnung sowie die allgemein anerkannten Regeln der Technik, hier insbesondere das DVGW-Arbeitsblatt W 551 und die VDI-Richtlinie 6023. (...) Weitere Grundlagen werden in der VDI-Richtlinie 6023 in den Normenreihen DIN EN 806 ff. und DIN 1988 ff. beschrieben".

Bei der Erstellung von Gefährdungsanalysen ist also vorrangig zu prüfen, ob die Anforderungen der Richtlinienreihe VDI 6023 und des DVGW W 551 (A) eingehalten wurden, die Anforderungen der DIN EN 806 und der DIN 1988 sind hier nachrangig.

Krankenhäuser und medizinische Einrichtungen

Einen Sonderfall stellen Krankenhäuser und medizinische Einrichtungen dar, in denen sich gewöhnlich immunsupprimierte Personen aufhalten, die z.B. aufgrund von Vorerkrankungen ein höheres Infektionsrisiko haben. Nach den jeweiligen Landesverordnungen zur Hygiene und Infektionsprävention in medizinischen Einrichtungen haben die Leiter von entsprechenden Einrichtungen zu gewährleisten, dass die dem jeweiligen Stand der medizinischen Wissenschaft entsprechenden personell-fachlichen, betrieblich-organisatorischen sowie baulich-funktionellen Voraussetzungen für die Einhaltung der allgemein anerkannten Regeln der Hygiene und Infektionsprävention geschaffen und die nach dem Stand der medizinischen Wissenschaft erforderlichen Maßnahmen getroffen werden, um nosokomiale Infektionen zu verhüten und die Weiterverbreitung von Krankheitserregern, insbesondere solcher mit Resistenzen, zu vermeiden.

Die Wasserversorgung eines Krankenhauses kann unmittelbar oder mittelbar Ursache für nosokomiale Infektionen, Lebensmittelinfektionen oder -intoxikationen sein. Die große Zahl von Wasserentnahmestellen und zusätzlichen Installationen, z. B. Ionenaustauscher, Dosieranlagen, Enthärtungsanlagen (mit unterschiedlichen Besiedlungsmöglichkeiten) in medizinischen Versorgungsbereichen macht die Vielfältigkeit hygienischer Probleme im Zusammenhang mit Wasserversorgungssystemen verständlich. Somit ist einer Kontrolle der zur Verfügung stehenden Wasserqualitäten besondere Aufmerksamkeit zu widmen.

Die Einhaltung des Stands der medizinischen Wissenschaft wird vermutet, wenn jeweils die veröffentlichten Empfehlungen der nach § 23 Abs. 1 Satz 1 des Infektionsschutzgesetzes (IfSG) [3] beim Robert Koch-Institut eingerichteten Kommission für Krankenhaushygiene und Infektionsprävention (KRINKO) [4] beachtet worden sind.

Baulich-funktionelle Anlagen in Krankenhäusern und medizinischen Einrichtungen, von denen ein infektionshygienisches Risiko ausgehen kann (z. B. Trinkwasser-Installationen), sind grundsätzlich auch gemäß den allgemein anerkannten Regeln der Technik zu betreiben, Instand zu halten und regelmäßig hygienischen Überprüfungen durch den Betreiber zu unterziehen. In sogenannten Hochrisikobereichen von Krankenhäusern und medizinischen Einrichtungen gelten jedoch die Anforderungen der Kommission für Krankenhaushygiene und Infektionsprävention (KRINKO) [4] zusätzlich zu den sonstigen allgemein anerkannten Regeln der Technik.

Ein Beispiel für eine weitergehende Anforderung der RKI-Richtlinie im Bereich der Trinkwasser-Installation, die über die Anforderungen der einschlägigen allgemein anerkannten Regeln der Technik hinausgeht:

Richtlinie für Krankenhaushygiene und Infektionsprävention, C 1 Infektionsprävention in Pflege, Diagnostik und Therapie (Lieferung 19, Dezember 2016)

Sensorarmaturen bergen ein hygienisches Risiko, weil sich z. B. Gramnegative Nonfermenter (z. B. Legionella spec. und P. aeruginosa) ansiedeln können, was Ursache von Ausbrüchen war. (...) Da Armaturen mit Sensor ein Kontaminationsrisiko für das entnommene Wasser bergen, ist ihr Einsatz nur unter sorgfältiger hygienisch-mikrobiologischer Überwachung vertretbar.

Die Trinkwasserverordnung ist auf den Schutz der gesunden Allgemeinbevölkerung ausgerichtet und nicht auf einen ausreichenden Schutz hochgradig immungeschwächter Patienten. Daher sind in Krankenhäusern, medizinischen Einrichtungen und Pflegeeinrichtungen zusätzlich zu den einschlägigen allgemein anerkannten Regeln der Technik auch die Anforderungen der Richtlinie für Krankenhaushygiene und Infektionsprävention des Robert Koch-Instituts zu beachten und deren Einhaltung im Rahmen eines Gutachtens zur Gefährdungsanalyse zu überprüfen.

Mit der Neubearbeitung der Richtlinie für Krankenhaushygiene und Infektionsprävention (2003) wurden wesentliche Kapitel der früheren Ausgabe (vor 2003) nicht in die Loseblattsammlung übernommen. Insbesondere die Kapitel C 3.2 „Anforderungen der Hygiene an die Wasserversorgung und Wasserqualität" sowie das Kapitel C 4 „Anforderungen an Planung, Durchführung von Bau- und Umbaumaßnahmen" wurden leider bislang nicht in die Sammlung übernommen. In der RKI-Richtlinie heißt es hierzu:

> „Bei der Umsetzung, Anwendung und fachlichen Bewertung der älteren Empfehlungen sind die Adressaten der Richtlinie gehalten, den Abgleich mit dem aktuellen wissenschaftlichen Kenntnisstand selbst vorzunehmen. Dieses Erfordernis ist kein Resultat der Neubearbeitung der Richtlinie, sondern wird seit langem auch seitens der Rechtsprechung verlangt und sollte in erster Linie durch eigene Literaturrecherche geschehen".

Insofern wird in Gefährdungsanalysen auf die alten Anlagen der RKI-Richtlinie (vor 2003) nur insoweit Bezug genommen, als wie die dortigen Empfehlungen heute sinnlogisch zu beachten sind und bereits seither allgemeingültig bekannt sein sollten bzw. soweit hier Anforderungen beschrieben sind, auf die in den einschlägigen allgemein anerkannten Regeln der Technik nicht konkret eingegangen wird.

Betreiber, Unternehmer und sonstiger Inhaber

Betreiber einer Trinkwasser-Installation ist derjenige, der die tatsächliche Sachherrschaft über den Betrieb der Anlage ausübt und die hierfür erforderlichen Anweisungen und Aufträge rechtswirksam erteilen kann. In der TrinkwV [10] wird er als „Unternehmer und sonstiger Inhaber" bezeichnet.

Betreiber ist nach der Verordnung über Allgemeine Bedingungen für die Versorgung mit Wasser (AVBWasserV) [9] ferner der Vertragspartner des Wasserversorgungsunternehmens. Die Betreiberverantwortung kann auf Dritte delegiert werden. Es muss im konkreten Einzelfall der Nachweis erfolgen, dass die im Verkehr erforderliche Sorgfalt (geeignete Auswahl, geeignete Anweisung, geeignete Kontrolle) beachtet wurde, siehe auch VDI 3810 Blatt 1 und VDI 3810 Blatt 1.1.

Um deutlich zu machen, wer für die Einhaltung der Anforderungen und Pflichten nach TrinkwV [10] tatsächlich verantwortlich ist, bezieht sich die Trinkwasserverordnung auf den Begriff des Unternehmers oder sonstigen Inhabers (UsI). Dieser Begriff wird umgangssprachlich gleichgesetzt mit dem jeweiligen (verantwortlichen) Betreiber der Trinkwasser-Installation.

Betreiber einer Trinkwasser-Installation ist regelmäßig derjenige, der die tatsächliche Sachherrschaft über den Betrieb der Anlage ausübt und die hierfür erforderlichen Anweisungen und Aufträge rechtswirksam erteilen kann. Für die maßgebliche, tatsächliche Verfügungsgewalt über eine Anlage und deren Betrieb ist die Eigentümerstellung nicht entscheidend. In der TrinkwV [10] wird der tatsächlich Verantwortliche für die Anlage als „Unternehmer oder sonstiger Inhaber" bezeichnet.

§ 12 Abs. 1 der AVBWasserV [9] legt ergänzend fest, dass für die ordnungsgemäße (...) Unterhaltung der Anlage hinter dem Hausanschluss der jeweilige Anschlussnehmer verantwortlich ist. Hat er (Anschlussnehmer bzw. Unternehmer ...) die Anlage oder Anlagenteile einem Dritten vermietet oder sonst zur Benutzung überlassen (... sonstiger Inhaber), so ist er neben diesem verantwortlich. Die Betreiberverantwortung kann also auf Dritte delegiert werden, es muss jedoch im konkreten Einzelfall der Nachweis erfolgen können, dass die im Verkehr erforderliche Sorgfalt (geeignete Auswahl, geeignete Anweisung, geeignete Kontrolle) beachtet wurde.

Der Mieter oder Nutzer ist jedoch in der Regel technischer Laie auf dem Gebiet der Trinkwasser-Installation und kann entsprechend nur dann mit in die Verantwortung genommen werden, wenn er nachweislich in die bestimmungsgemäße Nutzung der individuellen Trinkwasser-Installation eingewiesen wurde. Die

Richtlinie VDI 6023 Blatt 3/VDI 3810 Blatt 2 „Hygiene in Trinkwasser-Installationen, Betrieb und Instandhaltung“ bietet heute hierzu ein vorformuliertes Merkblatt für die Einweisung von Nutzern und Mietern in die Handhabung der Trinkwasser-Installation.

Auch Mitarbeiter, die in Betriebs- oder Arbeitsstätten beschäftigt sind, sind nach ArbSchG [2] entsprechend zu unterweisen:

Gesetz über die Durchführung von Maßnahmen des Arbeitsschutzes zur Verbesserung der Sicherheit und des Gesundheitsschutzes der Beschäftigten bei der Arbeit (Arbeitsschutzgesetz – ArbSchG) [2]

§ 12 Unterweisung

Der Arbeitgeber hat die Beschäftigten über Sicherheit und Gesundheitsschutz bei der Arbeit während ihrer Arbeitszeit ausreichend und angemessen zu unterweisen. Die Unterweisung umfasst Anweisungen und Erläuterungen, die eigens auf den Arbeitsplatz oder den Aufgabenbereich der Beschäftigten ausgerichtet sind.

Die Unterweisung muß bei der Einstellung, bei Veränderungen im Aufgabenbereich, der Einführung neuer Arbeitsmittel oder einer neuen Technologie vor Aufnahme der Tätigkeit der Beschäftigten erfolgen.

Die Unterweisung muß an die Gefährdungsentwicklung angepaßt sein und erforderlichenfalls regelmäßig wiederholt werden.

Auch Mitarbeiterinnen einer Cafeteria oder Hausmeister benötigen Erläuterungen zur regelmäßigen Nutzung jeder Entnahmestelle oder zum korrekten Betrieb von Durchlauferhitzern usw.

Maßgeblich von Bedeutung ist dabei, wer die mit der Unterhaltung (Nutzung, Instandhaltung) verbundenen rechtlichen und tatsächlichen Einwirkungsmöglichkeiten hat (z. B. wer hat den tatsächlichen Zugriff auf die Anlage oder wer kann Aufträge rechtswirksam erteilen?).

Je nach Verteilung der Verantwortlichkeiten können Unternehmer und sonstiger Inhaber z. B. sein:

- Eigentümer und Eigentümergemeinschaft
- Immobilienverwaltungen
- Arbeitgeber
- Besitzer/Nutzer (Mieter, Pächter)
- Unternehmen des Property- und Facility-Managements (FM) und Gebäudemanagements (GM).

Wenn eine Hausverwaltung beispielsweise nur bis zu einem Betrag von 2.000,– € Aufträge an Dienstleister oder Handwerker frei vergeben darf, bei Beträgen > 2.000,– € jedoch erst die Einwilligung der Wohnungseigentümer erwirken muss, kann die Hausverwaltung nicht der „Unternehmer oder sonstige Inhaber" nach TrinkwV [10] sein, da sie nicht die tatsächlichen Entscheidungen über wesentliche Änderungen an der Trinkwasser-Installation eigenverantwortlich treffen kann. In diesem Fall wäre die Wohnungseigentümergemeinschaft als juristische Person der „UsI" und damit gemeinschaftlich für die Einhaltung der Betreiberpflichten verantwortlich im Sinne von § 10 Wohneigentumsgesetz.

Der Verwaltungsgerichtshof Bayern hat in seinem Beschluss vom 29. 09. 2014 (Az. 20 CS 14.1663) definiert, dass

> „(...) die WEG (Wohnungseigentümergemeinschaft) gemäß § 3 Nr. 2e, 3 TrinkwV [10] als Inhaberin einer Wasserversorgungsanlage im Sinne der Trinkwasserversorgung anzusehen ist. Öffentlich-rechtlich gehören zur Wasserversorgungsanlage die Gesamtheit der Rohrleitungen, Armaturen und Apparate von der Übernahme aus der öffentlichen Wasserversorgung angefangen bis zu den Entnahmestellen in den Wohneinheiten, wobei nicht zwischen Gemeinschafts- und Sondereigentum unterschieden wird. Die Rechtmäßigkeit scheitert auch nicht an der Beschlusskompetenz der WEG, da diese gemäß § 15 Abs. 2 WEG eine den Anforderungen des öffentlich-rechtlichen Trinkwasserschutzes entsprechenden ordnungsgemäßen Gebrauch des Sondereigentums beschließen kann. Zuwiderhandelnde Eigentümer könnten zur Gefahrenabwehr von der Trinkwasserversorgung getrennt werden."

Generell gilt zudem § 838 BGB, d. h. wer die Unterhaltung eines Gebäudes oder eines mit einem Grundstück verbundenen Werkes für den Besitzer übernimmt oder das Gebäude oder das Werk durch ein ihm zustehendes Nutzungsrecht zu unterhalten hat (... sonstiger Inhaber), ist natürlich für einen vom Gebäude ausgehenden verursachten Schaden in gleicher Weise verantwortlich wie der Besitzer.

Insbesondere wenn es um Wohneigentum geht, ist zu beachten, wer für die Erfüllung der unterschiedlichen Pflichten verantwortlich ist. Auch das Oberverwaltungsgericht Nordrhein-Westfalen entschied in seinem Urteil zu Az. 13 B 452/15, dass es zulässig und ermessensfehlerfrei ist, dass das Gesundheitsamt eine Ordnungsverfügung nach dem Infektionsschutzgesetz, mit der die Vorschriften der Trinkwasserverordnung in Bezug auf Legionellen in einer Wohnungseigentumsanlage durchgesetzt werden sollen, an die Wohnungseigentümergemeinschaft (im Sinne von § 10 Abs. 6 WEG) richtet. Konkret hieß es hier:

> *„Die anderen Wohnungseigentümer sind ebenfalls dazu verpflichtet, das Betreten ihrer Wohnungen zu gestatten, soweit dies zur Instandhaltung und Instandsetzung des gemeinschaftlichen Eigentums erforderlich ist, was auch eine Probennahme zur Untersuchung des Trinkwasser-Installation auf Legionellen einschließt".*

Die Wohnungseigentümergemeinschaft ist als rechtsfähiger Verband Inhaberin der Trinkwasser-Installation und die Verkehrssicherungspflicht gehört zu den gemeinschaftsbezogenen Wahrnehmungspflichten der Wohnungseigentümergemeinschaft gemäß § 10 Abs. 6 Satz 3 WEG (BGH, V ZR 238/11 und V ZR 161/11).

1 Anwendungsbereich

Im Anwendungsbereich der Richtlinie wird definiert, dass die Anforderungen des Regelwerks zur Analyse von Gefährdungen für sämtliche Wasserversorgungsanlagen gelten. Eine Ausnahme bilden hierbei zentrale Wasserwerke, die pro Tag mehr als 10 Kubikmeter Trinkwasser abgeben oder mehr als 50 Personen versorgen.

1 Anwendungsbereich

Diese Richtlinie gilt für alle Trinkwasser-Installationen auf Grundstücken, in Gebäuden nach § 3 Nummer 2, Buchstabe e TrinkwV [10]. Sie kann für andere Wasserversorgungsanlagen nach § 3 Nummer 2 Buchstabe b bis Buchstabe d und Buchstabe f TrinkwV [10] angewendet werden.

Die Trinkwasserverordnung definiert Wasserversorgungsanlagen unter § 3 Nr. 2. Demnach sind „Wasserversorgungsanlagen“

a) zentrale Wasserwerke: Anlagen einschließlich dazugehörender Wassergewinnungsanlagen und eines dazugehörenden Leitungsnetzes, aus denen pro Tag mindestens 10 Kubikmeter Trinkwasser entnommen oder auf festen Leitungswegen an Zwischenabnehmer geliefert werden oder aus denen auf festen Leitungswegen Trinkwasser an mindestens 50 Personen abgegeben wird;

b) dezentrale kleine Wasserwerke: Anlagen einschließlich dazugehörender Wassergewinnungsanlagen und eines dazugehörenden Leitungsnetzes, aus denen pro Tag weniger als 10 Kubikmeter Trinkwasser entnommen oder im Rahmen einer gewerblichen oder öffentlichen Tätigkeit genutzt werden, ohne dass eine Anlage nach Buchstabe a oder Buchstabe c vorliegt;

c) Kleinanlagen zur Eigenversorgung: Anlagen einschließlich dazugehörender Wassergewinnungsanlagen und einer dazugehörenden Trinkwasser-Installation, aus denen pro Tag weniger als 10 Kubikmeter Trinkwasser zur eigenen Nutzung entnommen werden;

d) mobile Versorgungsanlagen: Anlagen an Bord von Land-, Wasser- und Luftfahrzeugen und andere bewegliche Versorgungsanlagen einschließlich aller Rohrleitungen, Armaturen, Apparate und Trinkwasserspeicher, die sich zwischen dem Punkt der Übernahme von Trinkwasser aus einer Anlage nach Buchstabe a, b oder Buchstabe f und dem Punkt der Entnahme des Trinkwassers befinden; bei einer an Bord betriebenen Wassergewinnungsanlage ist diese ebenfalls mit eingeschlossen;

e) Anlagen zur ständigen Wasserverteilung: Anlagen der Trinkwasser-Installation, aus denen Trinkwasser aus einer Anlage nach Buchstabe a oder Buchstabe b an Verbraucher abgegeben wird;

f) Anlagen zur zeitweiligen Wasserverteilung: Anlagen, aus denen Trinkwasser entnommen oder an Verbraucher abgegeben wird, und die

   aa) zeitweise betrieben werden einschließlich einer dazugehörenden Wassergewinnungsanlage und einer dazugehörenden Trinkwasser-Installation oder

   bb) zeitweise an eine Anlage nach Buchstabe a, b oder Buchstabe e angeschlossen sind;

Die zahlreichen technischen oder betriebstechnischen Aspekte, die zu einer nachteiligen Veränderung der Trinkwasserqualität führen können, sind bei den verschiedenartigen Anlagen in der Regel gleich und unterscheiden sich nicht von denen einer Hausinstallation. Auch die formalen Anforderungen an ein Gutachten zur Gefährdungsanalyse sind in einer nur zeitweilig betriebenen Trinkwasser-Installation keine anderen als auf einem Kreuzfahrtschiff oder in einem Mehrfamilienhaus.

Auch die Nutzer von Eigenwasserversorgungsanlagen müssen beispielsweise vor den Gefährdungen, die sich aus nachteiligen Veränderungen der Wasserqualität ergeben können, in der gleichen Art und Weise geschützt werden wie Arbeitnehmer in einer Arbeitsstätte.

Folglich sind bei allen vorgenannten Wasserversorgungsanlagen die gleichen Grundsätze und Prinzipien zur Ermittlung und Analyse von Gefährdungen für die Nutzer anzuwenden.

Sie macht Vorgaben für die Durchführung einer Gefährdungsanalyse inklusive Ortsbesichtigung für Trinkwasser-Installationen, ereignisorientiert nach § 16 Absatz 7 TrinkwV [10]. Sie kann auch für Untersuchungen zur Aufklärung der Ursache anderer Abweichungen nach § 16 Absatz 3 TrinkwV [10] angewendet werden. Ferner kann die Gefährdungsanalyse systemorientiert durchgeführt werden.

Personenbezogene, individuelle Anforderungen zum Gesundheitsschutz, z. B. aufgrund spezifischer gesundheitlicher Beeinträchtigungen, sind nicht Teil der Gefährdungsanalyse. Im Sinne dieser Richtlinie ist jede hygienerelevante Abweichung von den einschlägigen allgemein anerkannten Regeln der Technik ein Mangel. Die nachfolgend genannten Bezugnahmen auf die einzuhaltenden allgemein anerkannten Regeln der Technik richten sich auf den Zweck gemäß § 1 TrinkwV [10] aus, also auf den Schutz der menschlichen Gesundheit vor den nachteiligen Einflüssen, die sich aus der Verunreinigung von Wasser ergeben.

Mit der vorliegenden Erstfassung der Richtlinie VDI/BTGA/ZVSHK 6023 Blatt 2 wird der Bedeutung einer einwandfreien Trinkwasserqualität für die Nutzer und der an sie zu stellenden Anforderungen nach den Vorgaben der Trinkwasserverordnung Rechnung getragen. Die in der Richtlinie zusammengefassten Erkenntnisse und das in ihr enthaltene Wissen entsprechen dem derzeitigen Wissensstand der beteiligten Fachkreise auf dem Gebiet der Trinkwasser-Installation. Die Richtlinie dient damit dem Schutz der Nutzer im Sinne § 1 TrinkwV [10]:

Verordnung über die Qualität von Wasser für den menschlichen Gebrauch (TrinkwV [10])

§ 1 Zweck der Verordnung

Zweck der Verordnung ist es, die menschliche Gesundheit vor den nachteiligen Einflüssen, die sich aus der Verunreinigung von Wasser ergeben, das für den menschlichen Gebrauch bestimmt ist, durch Gewährleistung seiner Genusstauglichkeit und Reinheit nach Maßgabe der folgenden Vorschriften zu schützen.

Die Richtlinie macht – ganz im Sinne des § 3 Nr. 13 TrinkwV [10] – Vorgaben für die Durchführung eines ereignisorientierten Gutachtens zur Gefährdungsanalyse inklusive Ortsbesichtigung der Trinkwasser-Installationen nach § 16 Abs. 7 TrinkwV [10] (Überschreitung des technischen Maßnahmewerts). Sie kann jedoch auch für Untersuchungen zur Aufklärung der Ursache anderer Abweichungen nach § 16 Abs. 3 TrinkwV [10] angewendet werden (nachteilige Veränderungen der Trinkwasserqualität bzw. Abweichungen von den Anforderungen der §§ 5–7 TrinkwV [10]). Ferner kann das Gutachten zur Gefährdungsanalyse auch systemorientiert (präventiv) durchgeführt werden, d. h. es liegt noch gar keine nachteilige Veränderung der Trinkwasserqualität vor und der Auftraggeber möchte lediglich vorsorglich wissen, wie es um den Zustand seiner Installation bestellt ist.

Eine „ereignisorientierte" Gefährdungsanalyse ist obligatorisch und muss immer stattfinden, wenn der technische Maßnahmenwert für Legionellen von 100 KBE/100 ml überschritten wird. Hierbei geht es im Wesentlichen darum, notwendige Maßnahmen aufzuzeigen, um die technischen oder betriebstechnischen Ursachen für die Kontamination zu ermitteln und die Trinkwasser-

Installation so zu verbessern, dass sie wieder den allgemein anerkannten Regeln der Technik entspricht bzw. das abzugebende Trinkwasser keine Gesundheitsgefährdung mehr für die Verbraucher darstellt.

Aber auch ohne bereits nachgewiesene Keimproblematik kann eine einmalige oder regelmäßige Gefährdungsanalyse ein probates Mittel zur Aufdeckung von möglichen Schwachstellen innerhalb der Trinkwasser-Installation (systemorientiert) sein. Der Betreiber erhält somit eine umfassende Übersicht über den planerischen, bau- und betriebstechnischen sowie hygienischen Zustand seiner Trinkwasser-Installation.

Im Rahmen des Gutachtens zur Gefährdungsanalyse werden dann die Gefährdungen abgeleitet, die sich aufgrund der festgestellten technischen Mängel für die Nutzer grundsätzlich ergeben können, d.h. der Sachverständige erläutert die Zusammenhänge zwischen einem technischen Mangel, den möglichen nachteiligen Veränderungen (Mangelfolgen) und potenziellen Gefährdungen für die Nutzer (Mangelfolgeschäden).

Diese Analyse der Gefährdungen dient dem Verständnis der Betreiber und Nutzer sowie der Priorisierung von Maßnahmen. Eine subjektive Bewertung der Wahrscheinlichkeit eines Schadenseintritts wird damit nicht gegeben. Die Bewertung etwaiger konkreter gesundheitlicher Risiken für individuelle Nutzer oder Nutzergruppen erfolgt ggf. durch das Gesundheitsamt, einen zuständigen Krankenhaushygieniker oder durch einen behandelnden Arzt.

Gutachten zur Gefährdungsanalyse können je nach Nutzer, Gebäude oder Auslöser unterschiedliche Anlässe und Bewertungsgrundlagen haben und sind entsprechend individuell zu erstellen:

- als präventive (systemorientierte) Gefährdungsanalyse nach VDI/BTGA/ZVSHK 6023 Blatt 2, um z.B. eine Bestandaufnahme mit anschließender Einweisung der Nutzer durchführen zu können oder um vor einem Immobilienkauf eine Einschätzung über den Zustand der technischen Gebäudeausrüstung, hier insbesondere der Trinkwasser-Installation, zu erhalten
- als anlassbezogenes Gutachten zur Gefährdungsanalyse nach § 16 Abs. 7 TrinkwV [10] bei einer Überschreitung des technischen Maßnahmewerts für den Parameter Legionellen
- als anlassbezogenes Gutachten zur Untersuchung der Ursachen bei einer festgestellten Abweichung bzw. nachteiligen Veränderung der Trinkwasserqualität nach § 16 Abs. 3 TrinkwV [10]
- als anlassbezogene Untersuchung zur Ermittlung der Ursachen bei einem nachgewiesenen Erkrankungsfall

- als systemorientierte Gefährdungsanalyse zur Grundlage für eine Gefährdungsbeurteilung nach ArbSchG [2] und ArbStättV
- als Hygiene-Erstinspektion nach VDI/DVGW 6023 Blatt 1 [19].

Das Gutachten ist also jeweils anlagen-, gebäude- und aufgabenspezifisch zu erstellen und muss auch die gewöhnlichen Nutzergruppen beachten (Arbeitnehmer, immunkompetente Bewohner, immunsupprimierte Nutzer ...), woraus sich jeweils unterschiedliche hygienisch-technische Anforderungen und Bewertungsgrundlagen ergeben.

Insbesondere in Krankenhäusern und medizinischen Einrichtungen sind beispielsweise wie bereits ausgeführt neben den üblichen technischen Regelwerken, die unter dem Begriff der allgemein anerkannten Regeln der Technik zusammengefasst werden, auch die teils weitergehenden Anforderungen der Kommission für Krankenhaushygiene und Infektionsprävention des Robert Koch-Instituts zu berücksichtigen oder Empfehlungen der Deutschen Gesellschaft für Krankenhaushygiene und der Bauministerkonferenz ARGEBAU.

2 Normative Verweise

2 Normative Verweise

Die folgenden zitierten Dokumente sind für die Anwendung dieser Richtlinie erforderlich:

Verordnung über die Qualität von Wasser für den menschlichen Gebrauch (Trinkwasserverordnung – TrinkwV [10] 2001) vom 10. März 2016

DIN EN ISO/IEC 17020:2012-07 Konformitätsbewertung; Anforderungen an den Betrieb verschiedener Typen von Stellen, die Inspektionen durchführen (ISO/IEC 17020:2012); Deutsche und Englische Fassung EN ISO/IEC 17020:2012

VDI 4700 Blatt 1:2015-10 Begriffe der Bau- und Gebäudetechnik

VDI/DVGW 6023:2013-04 Hygiene in Trinkwasser-Installationen; Anforderungen an Planung, Ausführung, Betrieb und Instandhaltung

Unter den drei Teilen der Richtlinienreihe VDI 6023 nimmt das Blatt 2 eine besondere Stellung ein, da hier keine Anforderungen an die Planung, die Errichtung oder den Betrieb von Trinkwasser-Installationen definiert werden, sondern ausschließlich geeignete Maßnahmen und Vorgehensweisen zur Überprüfung der rechtlichen und normativen Vorgaben, an den formalen Aufbau der Ausarbeitung und an geeignete, zielgerichtete Handlungsempfehlungen, um etwaige Gefährdungen für die Nutzer aufgrund festgestellter Abweichungen von den einschlägigen technischen Regelwerken abzuleiten.

Die Verbände-Richtlinie VDI/BTGA/ZVSHK 6023 Blatt 2 beschreibt ausführlich die wesentlichen Vorgaben für ein Gutachten zur Gefährdungsanalyse, verzichtet jedoch gleichzeitig bewusst auf die Wiederholung technischer Vorgaben zu Trinkwasser-Installationen. Diese sind bereits ausführlich in den bestehenden allgemein anerkannten Regeln der Technik beschrieben, vornehmlich in der VDI/DVGW 6023 [19], dem DVGW-Arbeitsblatt W 551 und in den Normenreihen DIN EN 806 mit DIN EN 1717 [23] und DIN 1988.

Entsprechend kurz ist die Liste der Dokumente, die für die Anwendung der Richtlinie erforderlich sind, dazu gehört die Trinkwasserverordnung in der jeweils aktuellen Fassung und das Blatt 1 der wesentlichen Richtlinienreihe VDI 6023.

Die Norm DIN EN ISO/IEC 17020 wird nur am Rande erwähnt. Da lediglich hinsichtlich der Erstellung eines Inspektionsberichts im Rahmen der Ortsbesichtigung auf sie empfehlend verwiesen wird, ist sie von untergeordneter Bedeutung.

3 Begriffe

3 Begriffe

Für die Anwendung dieser Richtlinie gelten die Begriffe nach TrinkwV [10], nach VDI 4700 Blatt 1 sowie die folgenden Begriffe:

Gefährdung

mögliche biologische, chemische oder physikalische Beeinträchtigung der Trinkwasserbeschaffenheit

Ortsbesichtigung

vollständige Inspektion der Trinkwasser-Installation und Prüfung auf Einhaltung der allgemein anerkannten Regeln der Technik einschließlich Feststellung von Betriebsparametern und Betriebsbedingungen durch den Sachverständigen

Anmerkung: Die Ergebnisse der Ortsbesichtigung sind im Inspektionsbericht (nach DIN EN ISO/IEC 17020) zu dokumentieren.

Sachverständiger

aufgrund seiner fachlichen Ausbildung, seiner Kenntnisse und seiner zeitnahen beruflichen Tätigkeit sowie seiner Kenntnis der allgemein anerkannten Regeln der Technik geeigneter Ersteller der Gefährdungsanalyse

Anmerkung: Das deutsche Sachverständigenwesen unterliegt keiner einheitlichen Struktur. Grundvoraussetzung für die Tätigkeit als Sachverständiger ist die besondere fachliche Kompetenz. Der Sachverständige muss in seinem Fachgebiet überdurchschnittliche Kenntnisse und Erfahrungen vorweisen sowie befähigt sein, die durch seine gutachterliche Tätigkeit gewonnenen Erkenntnisse und Ergebnisse dem Laien verständlich und für diesen nachvollziehbar zu erklären.

Weitere Anforderungen sind, dass der Sachverständige

- die persönliche Eignung für seine Tätigkeit vorweist,
- durch Fortbildung mit dem Stand der Technik vertraut ist,
- die Begutachtungen objektiv und unbefangen durchführt,
- verschwiegen und zuverlässig ist und
- sein Gutachten selbst erstellt.

Aufgrund der Komplexität der einschlägigen rechtlichen und normativen Regelwerke ist es erforderlich, die Anwendung von bestehenden Begriffen zu ordnen. In vielen Projekten und Regelwerken werden unterschiedliche Begriffe für gleiche Sachverhalte verwendet. Gleichzeitig werden von verschiedenen Beteiligten Begriffe anders interpretiert, als der Verwendende dies vorausgesetzt hat.

Da alle notwendigen und üblichen Fachbegriffe bereits in den einschlägigen allgemein anerkannten Regeln der Technik definiert sind, benötigte man für die spezifische Aufgabenstellung der Richtlinie VDI/BTGA/ZVSHK 6023 Blatt 2 lediglich drei weitere Begriffsdefinitionen, um das notwendige Verständnis im Kontext der weiteren Festlegungen herzustellen. Im Zuge der Erarbeitung der Richtlinie wurde daher eine Vereinheitlichung der Begriffsdefinitionen angestrebt.

Insbesondere der Begriff der **Gefährdung** führt oftmals zu Missverständnissen. Unter einer konkreten Gefahr versteht man gemeinhin das Potenzial, einen Schaden zu verursachen. Eine Gefährdung als technischer Begriff bedeutet jedoch bereits die Möglichkeit, dass ein Schutzgut (Person, Tier, Sache oder natürliche Lebensgrundlage) räumlich und/oder zeitlich mit einer Gefahrenquelle zusammentreffen kann.

Nach § 37 Abs. 1 IfSG [3] darf durch Trinkwasser eine Schädigung der menschlichen Gesundheit nicht zu besorgen sein. Danach ist eine Gesundheitsschädigung nur dann nicht zu besorgen, wenn hierfür keine, auch noch so wenig naheliegende Wahrscheinlichkeit besteht. Eine Gesundheitsschädigung muss nach menschlicher Erfahrung unwahrscheinlich sein. Durch diesen Präventionsgedanken soll gerade auch abstrakten Gefahren vorgebeugt werden. Präventive Maßnahmen sind deshalb schon in einem sehr frühen Verdachtsstadium zu ergreifen. Mögliche biologische, chemische oder physikalische Beeinträchtigungen der Trinkwasserbeschaffenheit haben damit also einen Hinweis-Charakter im Sinne eines Alarmsignals, dass bei einer Überschreitung eines solchen Parameters eine nachteilige Veränderung der Trinkwasserqualität und damit eine Gefährdung der Nutzer zu besorgen ist oder eine solche bereits konkret vorliegt.

Auch der Begriff **„Sachverständiger“** im Sinne der rechtlichen und normativen Anforderungen wird in der Richtlinie definiert. „Sachverständiger“ ist bekanntlich kein geschützter Titel; jeder kann sich für das ein oder andere Themengebiet als Sachverständiger bezeichnen. Wenn aber jemand diese Bezeichnung führt, sollte es selbstverständlich sein, dass man hier die gleiche besondere Sach- und Fachkunde erwarten kann, wie man sie gemeinhin auch einem „öffentlich bestellten und vereidigten Sachverständigen“ unterstellt. Der „freie“

Sachverständige sollte sich selbst prüfen, in welchem Fachgebiet, auf der Grundqualifikation aufbauend, die vorhandenen Kenntnisse für eine Sachverständigentätigkeit nicht nur ausreichen, sondern überragend vorhanden sind.

So kann in der Benutzung der Bezeichnung „Sachverständiger" ein Verstoß gegen die Wettbewerbsregeln (unzulässiger unlauterer Wettbewerb) vorliegen, wenn der Träger der Bezeichnung objektiv die Kriterien für einen Sachverständigen nicht besitzt, d.h. wenn er die Qualifikationen für einen Sachverständigen nicht vorweisen kann. Ein Wettbewerbsverstoß liegt in jedem Fall dann vor, wenn eine Verwechslung mit einem öffentlich bestellten Sachverständigen eintreten kann. Grundsätzlich gilt: Die Behauptung, über sachverständiges Wissen zu verfügen, ist aus Gründen des Verbraucherschutzes nachweislich zu belegen. Der „freie" Sachverständige hat im Zweifelsfall nachzuweisen, dass die qualitativen Grundvoraussetzungen (überdurchschnittliches Fachwissen, Erfahrungswissen, Fortbildungsstand) vorliegen (OLG München, Az. 29 U 5449/06 v. 26.04.2007).

Weitere Anforderungen sind per definitionem, dass der Sachverständige

- die persönliche Eignung für seine Tätigkeit vorweist,
- durch Fortbildung mit dem Stand der Technik vertraut ist,
- die Begutachtungen objektiv und unbefangen durchführt,
- verschwiegen und zuverlässig ist und
- sein Gutachten selbst erstellt.

Der Sachverständige muss also in seinem Fachgebiet überdurchschnittliche fachliche Kenntnisse und Erfahrungen vorweisen können, weil er die bestehende Arbeit anderer Fachleute, die eine Anlage geplant und erstellt haben, rückblickend bewerten muss. Daher ist es zwingend erforderlich, dass ein Sachverständiger durch regelmäßige Fortbildungen nicht nur mit den aktuellen Regelwerken, sondern auch mit dem Stand der Technik vertraut ist und über neue Entwicklungen und Forschungsergebnisse Kenntnis hat. Er muss zudem befähigt sein, die durch seine gutachterliche Tätigkeit gewonnenen Erkenntnisse und Ergebnisse dem Laien verständlich und für diesen nachvollziehbar zu erklären.

Nachweis der Qualifikation

Das Zertifizierungsprogramm zum Sachverständigen für Trinkwasserhygiene nach der VDI-Richtlinie VDI/BTGA/ZVSHK 6023 Blatt 2 (siehe Anhang A) wurde vom DIN CERTCO Zertifizierungsausschuss ZA-VDI 6023 in Kooperation mit der

VDI-Gesellschaft Bauen und Gebäudetechnik (VDI-GBG) und unter Beteiligung der interessierten Kreise erarbeitet und von diesem am 28. März 2017 verabschiedet. Es legt das Verfahren von DIN CERTCO zur Zertifizierung von Personen mit der Qualifizierung der Kategorie Trinkwasserhygiene (VDI-BTGA-ZVSHK-zertifizierter Sachverständiger Trinkwasserhygiene) nach VDI/BTGA/ZVSHK 6023 Blatt 2 sowie deren Überwachung im Rahmen einer Personenzertifizierung fest.

Es ist nicht davon auszugehen, dass grundsätzlich jeder Teilnehmer einer Schulung mit einem Zertifikat nach VDI/DVGW 6023 Kategorie A [19] hiernach in der Lage ist, eine sachgerechte Gefährdungsanalyse zu erstellen, und auch die diversen Schulungszertifikate von Herstellern, Verbänden oder Vereinen sind selbstverständlich kein aussagekräftiger Qualifikationsnachweis, wenn der Anbieter der Schulung auch die Prüfung direkt mitverkauft. Selbst die Zertifizierung nach Kat. A VDI/DVGW 6023 [19] ist also nur eine notwendige Fortbildung, die ohnehin jeder Fachmann haben sollte, der sich mit Planung, Bau oder Betrieb von Trinkwasser-Installationen befasst.

Derzeit existieren drei Qualifikationen, für die die fachliche Eignung zur Gefährdungsanalyse tatsächlich durch eine objektive Prüfung nachgewiesen ist:

- öffentlich bestellter und vereidigter Sachverständiger (ö.b.u.v.S.) für Trinkwasserhygiene im Installateur- und Heizungsbauerhandwerk
- VDI/BTGA/ZVSHK-zertifizierter Sachverständiger für Trinkwasserhygiene
- anerkannter Sachverständiger für Trinkwasserhygiene im DVQST e.V.

Beim ö.b.u.v.S. für Trinkwasserhygiene muss unter anderem die Sachkundeprüfung des jeweiligen Fachverbands SHK bestanden werden, die Prüfung und Zertifizierung von Sachverständigen für Trinkwasserhygiene nach der Richtlinie VDI/BTGA/ZVSHK 6023 Blatt 2 wird über ein festgelegtes Zertifizierungsprogramm durch die unabhängige Stelle der DIN CERTCO durchgeführt und eine Anerkennung als Sachverständiger für Trinkwasserhygiene und ordentliches Mitglied des DVQST e.V. erfolgt nach eingehender Prüfung der Sachkunde im Bereich der Trinkwasserhygiene durch ein Prüfungsgremium des Vereins.

Nicht jeder Dipl.-Ing. Versorgungstechnik und auch nicht jeder Installateur- und Heizungsbaumeister kann also generell als geeignet angesehen werden, Gefährdungsanalysen zu erstellen, da sich in den letzten Jahren vor allem die der Trinkwasserhygiene zugrunde liegenden allgemein anerkannten Regeln der Technik stark gewandelt und ausgeweitet haben. Speziell im Bereich der Trinkwasser-Installation und mit Hinblick auf die Trinkwasserhygiene wurden diverse Regelwerke diesbezüglich angepasst. In den letzten Jahren hat sich daneben das SHK-Berufsbild sehr stark gewandelt. Der Anlagenmechaniker Versorgungstechnik benötigt Kenntnisse auf den unterschiedlichsten Gebieten in den Bereichen Heizung, Sanitär, Klima. Um jedoch im Trinkwasser unterschiedliche technische Mängel und deren Wechselwirkungen zueinander erkennen, bewerten und daraus ein hygienisches Risiko ableiten zu können, bedarf es eines sehr spezialisierten Fachwissens.

> „Ein Fachmann kennt die wesentlichen Fakten.
>
> Ein Sachkundiger kennt die wesentlichen Fakten und kann aus den Fakten Zusammenhänge ableiten.
>
> Ein Sachverständiger kennt die wesentlichen Fakten, kann Zusammenhänge aus den Fakten ableiten und ist in der Lage, aus diesen Zusammenhängen dann Rückschlüsse auf das Gesamtsystem und auf mögliche Ursachen und Auswirkungen zu ziehen."

Um eine korrekte Gefährdungsanalyse erstellen zu können, die verschiedene Zusammenhänge offenlegt und damit Ursachen für mögliche Gesundheitsgefährdungen erkennen lässt, benötigt man daher neben einem fundierten, einschlägigen Grundwissen die spezielle Vertiefung im Themengebiet Trinkwasserhygiene. Die Sachverständigen müssen sich permanent auf dem aktuellen Wissensstand der technischen Regelwerke oder der Mikrobiologie halten und objektive, neutrale Fortbildungen besuchen. Der gefahrenträchtige Bereich der Trinkwasserhygiene bedingt ein tiefes, fundiertes Wissen und die Kenntnisse aller relevanten Regelwerke, die in den letzten Jahren entstanden sind, zusätzlich zu den hygienischen und mikrobiologischen Grundlagen. Die komplexen Anforderungen an Trinkwasser-Installationen können nur dann umfassend und zutreffend bewertet werden, wenn die Sachverständigen eine entsprechende Qualifikation vorweisen können.

Das Wissen um die jeweils aktuellen Regelwerke gehört zu den Elementarkenntnissen, auf deren Basis die Tätigkeit als Sachverständiger auszuüben ist. Fehlt einem Fachmann das Wissen und vor allem das Verständnis für die komplexen hygienisch-technischen Zusammenhänge in einer Trinkwasser-Installation, kann er ggf. Ursachen für Kontaminationen nicht erkennen. Damit wird insgesamt deutlich, dass beispielsweise ein Bautechniker, ein Maschinenbauingenieur oder ein Kaufmann, selbst wenn sie vor Jahren einmal eine VDI-Schulung besucht haben sollten, in der Regel keine ordnungsgemäße Gefährdungsanalyse erstellen können, da auch die VDI-Schulung alleine keine einschlägige Fachausbildung ersetzen kann. Dem durchführenden Sachverständigen müssen die relevanten technischen Regelwerke mit zugehörigen Kommentierungen in aktueller Form nämlich nicht nur vorliegen, sondern auch inhaltlich bekannt sein, um diese situationsabhängig richtig werten und anwenden zu können.

Verantwortung des Sachverständigen

Gefährdungsanalysen sind sog. „vorgezogene Sachverständigen-Gutachten". Bei technischen Mängeln in einer Trinkwasser-Installation, die zu Schäden geführt haben, muss für den Ersatz des Schadens gesorgt werden. In vielen Fällen werden die Fragen nach Kostenübernahme oder Schadenersatz dann streitig entschieden, d.h. vor Gericht. Es gibt leider bereits viele gerichtsanhängige Fälle, die sich im Kern mit dem Thema Trinkwasserhygiene beschäftigen – Tendenz steigend.

In München wurde ein Fall verhandelt, bei dem es um Schadenersatzforderungen von Eigentümern gegen einen Handwerker geht, weil trotz getroffener Maßnahmen die Legionellenkontamination nicht beseitigt wurde, und an mehreren Stellen in Deutschland ermitteln Staatsanwaltschaften gegen Betreiber von Trinkwasser-Installationen wegen fahrlässiger Tötung aufgrund von Legionelleninfektionen mit Personenschäden. Auch der Bundesgerichtshof musste sich bereits mehrfach mit Themen der Trinkwasser-Installation beschäftigen ... Die Fälle sind vielschichtig gelagert und leider zahlreich. In einem juristischen Streitfall kann die Gefährdungsanalyse als Partei-Gutachten vorgelegt werden und gibt damit u.U. eine streitentscheidende Richtung vor.

Die Gefährdungsanalyse ist eine gutachterliche Stellungnahme; Rechtsgrundlage ist das Werkvertragsrecht. Anders als bei einem Dienstvertrag schuldet der Sachverständige also nicht nur den Versuch eines Gutachtens, sondern ganz konkret den Erfolg der Werkleistung. Der hier geschuldete Erfolg des „Werkes" ist eine sachverständige Begutachtung und Bewertung mit Feststellung der technischen oder betriebstechnischen Mängel an einer Trinkwasser-Installation, inkl. der Ableitung der sich hieraus ergebenden Gefährdungen für die Nutzer und zielgerichteter Handlungsempfehlungen zur Beseitigung der Gefährdungen, womit die Anforderungen nach VDI/BTGA/ZVSHK 6023 Blatt 2 als der geschuldete Erfolg anzusehen sind.

Gefährdungsanalysen sind grundsätzlich als Gutachten mit allen Konsequenzen zu verstehen. Daher sollten nur sachlich fundierte Gutachten erstellt werden. Gefälligkeitsgutachten, weil man die Installationsfirma gut kennt oder weil man dem Auftraggeber „gefällig" sein möchte, sind unzulässig und können zu schweren Haftungsfolgen führen! Wer Gefährdungsanalysen erstellt, sollte sich immer bewusst machen, dass seine Einschätzungen unmittelbare Konsequenzen für die Gesundheit und das Wohlergehen von Menschen haben.

Man darf sich keinesfalls vom Begriff der „Handlungsempfehlungen", die im Rahmen eines Gutachtens zur Gefährdungsanalyse gegeben werden sollen, fehlleiten lassen und davon ausgehen, in einem Schadensfall nicht für die

Folgen einer falschen oder unzureichenden Handlungsempfehlung haftbar gemacht zu werden. Nach § 675 Abs. BGB heißt es schließlich:

> „Wer einem anderen einen Rat oder eine Empfehlung erteilt, ist (...) zum Ersatz des aus der Befolgung des Rats oder der Empfehlung entstehenden Schadens nicht verpflichtet".

Der BGH hat diesbezüglich jedoch bereits im Jahr 2008 eine richtungsweisende Entscheidung getroffen und diese Haftungsbefreiung teilweise aufgehoben. Die Haftungsbefreiung gilt nämlich dann nicht, wenn die Auskunft für den Empfänger erkennbar von erheblicher Bedeutung ist und sie als Grundlage für wesentliche Entscheidungen dienen soll, insbesondere, wenn der Erteiler der Auskunft besondere Sachkunde auf dem Fachgebiet der Frage hat oder vorgibt (BGH, Urteil vom 18. Dezember 2008 – IX ZR 12/05).

Die steigenden Anforderungen im Bereich der Trinkwasser-Installation erfordern also nicht zuletzt auch eine Überprüfung und ggf. die Anpassung der Betriebshaftpflichtversicherung. Wer dies unterlässt, läuft Gefahr, dass Risikobereiche entweder gar nicht oder zu gering erfasst sind und somit nicht versichert sind. Bei unrichtigen Gefährdungsanalysen könnten unter anderem auch zu Personenschäden die Folge sein. Selbst wenn die Gefährdungsanalyse grundsätzlich dem Berufsbild des SHK-Betriebes zugeordnet werden kann, sollte zwingend eine Klarstellung in der Betriebshaftpflichtversicherung erfolgen. Optimal ist hierbei eine klarstellende Klausel, die Tätigkeiten, die aus § 16 der Trinkwasserverordnung erwachsen, eindeutig in den Versicherungsschutz einbezieht.

4 Abkürzungen

4 Abkürzungen

In dieser Richtlinie werden die nachfolgend aufgeführten Abkürzungen verwendet:

PWC	Potable Water, Cold (Trinkwasser, kalt)
PWH	Potable Water, Hot (Trinkwasser, heiß)
PWH-C	Potable Water, Hot Circulation (Trinkwasserzirkulation)

Abkürzungen erleichtern dem Sachverständigen sowohl die Ausarbeitung als auch dem Auftraggeber das Lesen umfangreicher gutachterliche Abhandlungen. Können sich oft wiederholende Begriffe wie beispielsweise „Trinkwassererwärmungsanlage“ mit TWE abgekürzt werden, führt das in vielen Fällen zu einer wesentlichen Erleichterung.

Die im Rahmen dieser Richtlinie verwendeten Abkürzungen basieren auf den europäisch einheitlichen Vorgaben der Normenreihe EN 806 sowie den heute gebräuchlichen Begriffen nach DIN 2403 „Kennzeichnung von Rohrleitungen nach dem Durchflussstoff“.

Weitere Begriffsdefinitionen finden sich in den einschlägigen technischen Regelwerken, auf deren Einhaltung und Überprüfung ein Gutachten zur Gefährdungsanalyse beruht.

5 Gefährdungsanalyse

5 Gefährdungsanalyse

Wichtiger Hinweis

Die Durchführung der Gefährdungsanalyse muss unabhängig von anderen Interessen erfolgen. Insbesondere muss eine Befangenheit vermieden werden. Eine Befangenheit ist dann zu vermuten, wenn Personen an der Planung, dem Bau oder Betrieb oder der Sanierung der Trinkwasser-Installation selbst beteiligt waren oder sind.

Die Ortsbegehung und Erstellung einer Gefährdungsanalyse müssen unabhängig von anderen Interessen erfolgen, was bedeutet, der Sachverständige darf in keiner Weise ein wirtschaftliches Interesse an einem begleitenden oder Folgegeschäft haben, da ihm sonst Befangenheit unterstellt werden kann. Eine Befangenheit ist immer dann zu vermuten, wenn Personen ein Interesse an den Ergebnissen der Gefährdungsanalyse haben, weil sie an der Planung, dem Bau oder Betrieb der Trinkwasser-Installation selbst beteiligt waren oder sind oder sich aufgrund der Gefährdungsanalyse weitere Aufträge erhoffen.

Wer als Sachverständiger den Auftrag für ein Gutachten zur Gefährdungsanalyse übernehmen möchte, sollte mit der Auftragsannahme oder dem Angebot bereits versichern, dass er keine weiteren finanziellen Interessen bei der Erstellung des Gutachtens verfolgt und dass er in keiner personellen, persönlichen oder anderweitigen Verbindung zu Unternehmen steht, die aus den von ihm gegebenen Bewertungen finanzielle oder andere Vorteile generieren könnten.

Wenn beispielsweise ein Mitarbeiter eines Unternehmens, das im Hauptgeschäft Ultrafilter vertreibt, im Rahmen einer Gefährdungsanalyse den Einbau eines Ultrafilters empfiehlt, um „das Eindringen und den Zustrom pathogener Keime zukünftig zu stoppen“, ist hier auf jeden Fall eine Befangenheit und ein unzulässiges Vertriebsinteresse zu unterstellen. Alle Angestellten eines Unternehmens, welches an der Planung oder Ausführung einer Installation beteiligt war, sind nicht geeignet, eine Gefährdungsanalyse zu erstellen, da sie als befangen anzusehen sind. Wenn Mitarbeiter A die Planung der Installation ausgeführt hat, sollte nicht Mitarbeiter B die Gefährdungsanalyse durchführen.

Das Konzept „alles aus einer Hand“ einiger Dienstleister im Bereich der Trinkwasser-Installation (Probennahme – Verkauf von Hygienefiltern – Desinfektionsmaßnahmen – Gefährdungsanalyse – Sanierungsmaßnahmen o.Ä.) ist damit generell nicht zulässig und beinhaltet immer den möglichen Vorwurf einer Befangenheit oder Parteilichkeit der beteiligten Personen. Wer nach einer Probennahme noch weitere Produkte und Dienstleistungen verkaufen möchte, hat ggf. ein zumindest vorstellbares Interesse daran, dass die Analyseergebnisse möglichst schlecht sind ...

Oft beklagen Betreiber, dass die Erstellung einer Gefährdungsanalyse viel zu teuer sei, und tatsächlich stellt sich bei einigen vorgelegten Gefährdungsanalysen zu Recht die Frage, ob die Kosten für diese Gefährdungsanalysen in einer angemessen Relation zum Inhalt stehen. Viele Gefährdungsanalysen, die heute Betreibern oder Gesundheitsämtern vorgelegt werden, sind oftmals nicht objektiv, weil der Beauftragte selbst die Anlage geplant, installiert oder gewartet hat und seine eigene Leistungen nicht hinterfragen möchte. Oder der Beauftragte verspricht sich von der Gefährdungsanalyse einen weiteren Auftrag zur Sanierung bzw. Neuprojektierung der Anlage.

Wer jedoch den Auftrag zur Durchführung einer Gefährdungsanalyse übernimmt, verzichtet damit aufgrund einer möglichen Befangenheit gleichzeitig auf die Beauftragung einer etwaigen Sanierung!

Der Unternehmer oder sonstige Inhaber bleibt auch hier in der Verantwortung: Im Falle von Schadenersatzforderungen vor Gericht kann es wichtig sein, nicht nur die Qualifikation, sondern auch die Unabhängigkeit des hinzugezogenen Sachverstandes belegen zu können.

5.1 Gefährdungsanalyse und Ableitung von Handlungsempfehlungen

5.1 Gefährdungsanalyse und Ableitung von Handlungsempfehlungen

Die Aufgabenstellung einer system- oder ereignisorientierten Gefährdungsanalyse besteht in der Feststellung technischer sowie betriebstechnischer Mängel einer Trinkwasser-Installation sowie der Bewertung dieser Mängel im Hinblick auf die Hygiene und weitere denkbare Gefährdungen. Alle möglichen erkennbaren Gefährdungen, die von der Verteilung von Trinkwasser ausgehen, sind hierbei mit aufzuführen und individuell zu bewerten. Die Feststellung erfolgt durch Ortsbegehung und Prüfung der Trinkwasser-Installationen auf Einhaltung der allgemein anerkannten Regeln der Technik (§ 16 Absatz 3 und Absatz 7 Nr. 2 TrinkwV [10]).

Im Rahmen einer Gefährdungsanalyse sind mögliche Gefährdungen zu identifizieren und zu bewerten und denkbare Ereignisse, die zu einem konkreten Eintreten einer Gefährdung führen können, zu ermitteln. Im Rahmen der Ableitung von Handlungsempfehlungen gilt es zu klären, welche der Gefährdungen wesentlich und prioritär zu beseitigen sind. Aufgrund einer akuten

Infektionsgefährdung werden dies in der Regel mikrobielle Gefährdungen sein, insbesondere wenn die Überschreitung des technischen Maßnahmenwerts für Legionellen der Auslöser für die Gefährdungsanalyse war. Das Ergebnis ist somit eine zeitliche Priorisierung der Handlungsempfehlungen. Daraus muss der Betreiber einen individuellen Instandhaltungsplan für die Anlage erstellen oder erstellen lassen, also zur Einhaltung mindestens der allgemein anerkannten Regeln der Technik.

Werden in einer Trinkwasser-Installation Legionellen in einer Konzentration über dem technischen Maßnahmenwert nach TrinkwV [10] festgestellt (100 koloniebildende Einheiten – KBE/100 ml), hat diese Kontamination grundsätzlich immer technische oder betriebstechnische Mängel als Ursachen. Der Betreiber der Installation (der Unternehmer oder sonstige Inhaber gem. TrinkwV [10]) hat dann verpflichtend und unverzüglich eine Gefährdungsanalyse durch einen qualifizierten Sachverständigen durchführen zu lassen (§ 16 Abs. 7 TrinkwV [10]).

Bei Überschreitung des technischen Maßnahmenwertes als genereller Indikator für Mängel an einer Trinkwasser-Installation ist nicht auszuschließen, dass es auch noch weitere Mängel innerhalb der Trinkwasser-Installation gibt. Daher ist bei Überschreiten des technischen Maßnahmenwerts immer eine vollständige Überprüfung der Installation erforderlich, um alle technischen oder betriebstechnischen Mängel, die zu einer vermeidbaren Gesundheitsgefährdung führen können, zu identifizieren und ggf. zu beseitigen. Der beste Schutz gegen eine Infektion ist nun einmal, eine Trinkwasser-Installation so zu errichten und zu betreiben, dass sich Legionellen oder andere Krankheitserreger gar nicht erst vermehren können.

Das bedeutet jedoch auch, dass die Installation im Rahmen der Gefährdungsanalyse nicht nur auf etwaige Mängel geprüft wird, die zur Kontamination mit Legionellen geführt haben könnten, sondern es sind eben alle Abweichungen von den allgemein anerkannten Regeln der Technik zu bewerten, die zu einer nachteiligen Veränderung der Trinkwasserqualität und damit zu einer Gesundheitsgefährdung führen können (z. B. direkte Verbindungen zwischen Trink- und Abwasser, unmittelbare Heizungsbefüllung ohne geeignete Sicherungseinrichtungen, fest angeschlossene Feuerlöschanlagen oder auch die Verwendung von Heizungs- oder Gasbauteilen in der Trinkwasser-Installation, die zu einer Schwermetall-Migration oder zu Korrosion führen können). Die Legionelle ist damit zwar der Auslöser, nicht jedoch der alleinige Grund für eine Gefährdungsanalyse.

Im Sinne der TrinkwV [10] und der Richtlinie VDI/BTGA/ZVSHK 6023 Blatt 2 bedeutet „Gefährdungsanalyse" aber eben im wörtlichen Sinn die Analyse von

Gefährdungen für Nutzer und nicht lediglich die Auflistung von technischen Mängeln. Leider werden auch heute noch häufig Unterlagen im Checklisten-Format oder mit völlig subjektiven Wahrscheinlichkeitsbewertungen als „Gefährdungsanalysen“ erstellt, in denen nicht eine einzige Gefährdung analysiert wird und die für einen technischen Laien nicht die notwendigen Erläuterungen bieten. Wenn eine Gefährdungsanalyse jedoch nicht so aufgebaut ist, dass der verantwortliche Betreiber die Notwendigkeit zum Handeln erkennt, ist die erstellte Gefährdungsanalyse mangelhaft.

Ein Gutachten zur Gefährdungsanalyse ist im Grunde eine Auflistung von verschiedenen Mangelanzeigen und deren Bewertung. Zu Mangelanzeigen oder Bedenkenanmeldungen gibt es klare Vorgaben, die besagen, dass eine Mangelanzeige oder ein Bedenkenhinweis „inhaltlich klar, vollständig und erschöpfend die nachteiligen Folgen und die sich daraus ergebenden Gefahren einer zweifelhaften Ausführungsweise konkret darlegt, damit seinem Auftraggeber die Tragweite der Nichtbefolgung des Hinweises ausreichend deutlich wird (vgl. OLG Düsseldorf Urteil Az.: 22 U 41/17 vom 06. 10. 2017)“.

Zu den festgestellten Mängeln ist daher zu erläutern, welche nachteiligen Folgen sich aus diesem Mangel ergeben können, und damit erfolgt eine Ableitung möglicher Gefährdungen für die Nutzer.

„Der Bedenkenhinweis hat grundsätzlich in der gebotenen Form und in der gebotenen Klarheit zu erfolgen, damit der Auftraggeber in die Lage versetzt wird, die Tragweite der Nichtbefolgung klar zu erkennen (OLG Hamburg Urteil vom 28. 09. 2018 Az.: 11 U 128/7)“. Diese Anforderungen gelten selbstverständlich umso mehr für eine regelgerechte Gefährdungsanalyse, auf deren Grundlage ein Unternehmer oder sonstiger Inhaber die entsprechenden Sanierungsarbeiten beauftragen muss. Ohne eine jeweils konkrete Erläuterung, welche Gefährdungen für die Nutzer sich aus den dokumentierten Mängeln ergeben, wird der Auftraggeber nicht in die Lage versetzt, eine fundierte Entscheidung über die zu beauftragenden technischen Maßnahmen treffen zu können.

Im Rahmen einer Gefährdungsanalyse sind daher alle möglichen Gefährdungen zu identifizieren und zu bewerten, die von der jeweils vorgefundenen Trinkwasser-Installation ausgehen können, und auch denkbare Ereignisse, die zu einem konkreten Eintreten einer Gefährdung führen können, sind zu ermitteln.

Gefährdungen für die menschliche Gesundheit können an unterschiedlichen Stellen des Versorgungssystems auftreten und durch unterschiedliche Ereignisse ausgelöst werden. Wenn z. B. die Temperaturen in einigen Teilen der Kaltwasserleitungen sich durch Wärmelasten aus der Umgebung, durch Stagnationsbedingungen oder mangelhafte Durchströmung erhöhen, kann das zu wachstumsfördernden Bedingungen für pathogene Mikroorganismen führen, die dann an der

Entnahmestelle auf den Menschen übertragen werden. Aber auch wenn Anlagen oder Apparate unmittelbar mit dem Trinkwasser verbunden sind, in denen sich Nichttrinkwasser befindet (Heizungs- oder Klimaanlagen, Kaffee- und Getränkeautomaten, Feuerlöschleitungen, ...), kann es durch hydraulische Vermischung zu nachteiligen Veränderungen des Trinkwassers kommen.

Eine Gefährdungsanalyse soll dem Betreiber letztlich eine konkrete Feststellung der planerischen, bau- oder betriebstechnischen Mängel einer Anlage liefern. Darüber hinaus soll sie darin unterstützen, notwendige Abhilfemaßnahmen zu identifizieren und ihre zeitliche Priorisierung unter Berücksichtigung der Gefährdung der Gesundheit von Personen festzulegen. Hinsichtlich der notwendigen Maßnahmen, die sich aus der Analyse der Gefährdungen ergeben, wird dann unterschieden zwischen den Sofortmaßnahmen zum unmittelbaren Gesundheitsschutz sowie den kurz- und mittelfristig bzw. langfristig umzusetzenden Maßnahmen, um Abweichungen von den allgemein anerkannten Regeln der Technik (→ Mängel) zu beseitigen.

Personenbezogene, individuelle Anforderungen zum Gesundheitsschutz, z. B. aufgrund spezifischer gesundheitlicher Beeinträchtigungen, sind dabei jedoch nicht Teil der Gefährdungsanalyse. Die Bewertung etwaiger konkreter gesundheitlicher Risiken für einzelne Nutzer oder Nutzergruppen erfolgt durch das Gesundheitsamt oder ggf. durch einen behandelnden Arzt.

Wichtig ist, dass im Rahmen der jeweiligen Gefährdungsanalysen keine subjektive Bewertung einer Wahrscheinlichkeit vorgenommen werden soll, wie sie in einigen Informationsbroschüren und Merkblättern noch immer propagiert wird.

Die Abschätzung einer Eintrittswahrscheinlichkeit in Form von Tabellen, die ein Schadensausmaß bei Eintreten eines Mangels in Verbindung mit einer Eintrittswahrscheinlichkeit erbringen sollte, war immer nur eine ausschließlich subjektive Bewertung des jeweiligen Sachverständigen, die in den seltensten Fällen tatsächlich sachlich zu begründen war.

Eine Priorisierung der Handlungsempfehlungen hat heute nur noch das Ausmaß einer Gefährdung bzw. des Schadens als Grundlage, d. h. je schädlicher die Folgen eines Mangels sein könnten, desto eher muss hier Abhilfe geschaffen werden. Kann es beispielsweise durch das Fehlen eines Rückflussverhinderers an einer leitungsgebundenen Kaffeemaschine (Mangel) zu einer hydraulischen Vermischung von Trinkwasser mit Kaffee und damit zu einer Verfärbung kommen (Mangelfolge), ist die Gefährdung aus diesem Mangel (Mangelfolgeschaden) im Vergleich sicherlich geringer anzusehen, als wenn es aufgrund unsachgemäßer Verlegung von Leitungen (Mangel) zu einer deutlichen Erwärmung des Kaltwassers, damit zu einem Wachstum von Legionellen (Mangelfolge) und schließlich zu einer Infektion der Nutzer mit pathogenen Mikroorganismen (Mangelfolgeschaden) kommen kann.

Der Ablauf einer Gefährdungsanalyse ist nachfolgend anhand eines Ablaufdiagramms dargestellt. Dabei ist es unerheblich, ob es sich um eine ereignisorientierte (Anlass nach TrinkwV [10]) oder systemorientierte (nach VDI/DVGW 6023) Gefährdungsanalyse handelt. Die Vorgehensweise ist bei beiden Varianten identisch.

Den grundlegenden Ablauf stellt Bild 1 dar.

Die Ergebnisse der Gefährdungsanalyse sind in einer Niederschrift in Gutachtenform mit vollständigem Inspektionsbericht (Dokumentation der Ortsbesichtigung einschließlich Fotos, Zeichnungen, Grafiken) zu erstellen, dem Auftraggeber vorzulegen sowie nach TrinkwV [10] vom Betreiber zehn Jahre aufzubewahren.

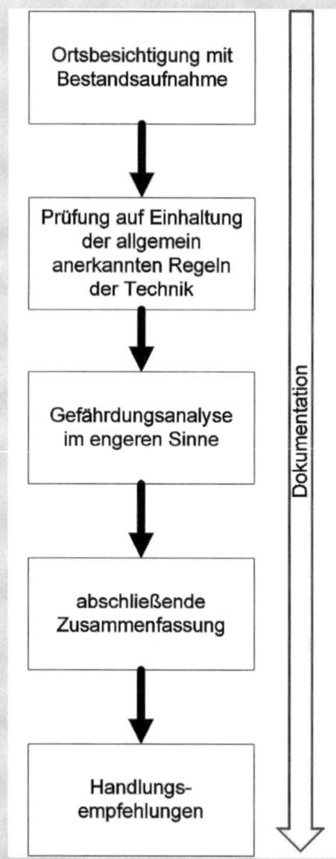

Bild 1: Ablaufschema

Eine Gefährdungsanalyse muss durch den Aufbau dem Auftraggeber oder dem Gesundheitsamt die Möglichkeit bieten, sich einfach in die Gefährdungsanalyse einzulesen. Sie muss nachvollziehbar, logisch strukturiert und für einen Laien verständlich sein sowie für Fachleute ein nachvollziehbares Ergebnis mit notwendigen Erläuterungen bieten. Es genügt dabei nicht, wenn der Sachverständige Hinweise auf detailliertere Informationen außerhalb der Gefährdungsanalyse gibt.

Die Checkliste in Anhang C kann als Hilfsmittel zur Ortsbesichtigung verwendet werden, sie ersetzt jedoch nicht die Ausarbeitung der ausführlichen Gefährdungsanalyse. Die ausgefüllten Checklisten sind ggf. mit dem Inspektionsbericht der Gefährdungsanalyse als Anhang beizufügen.

Anmerkung: Hinweise zur generellen Form von Gutachten sind DIN 1422 zu entnehmen.

Der Sachverständige muss persönlich die Ortsbesichtigung durchführen sowie genau und selbstkritisch jedes Ergebnis der Gefährdungsanalyse prüfen, ob es nachvollziehbar und lückenlos ermittelt wurde. Annahmen sind ausdrücklich als solche zu kennzeichnen und zu begründen.

Die geschuldete Leistung liegt in der konkreten Feststellung der

- planerischen,
- bautechnischen und
- betriebstechnischen (einschließlich Dokumentation)

Mängel der Trinkwasser-Installation, deren Interpretation hinsichtlich denkbarer Gefährdungen für die Nutzer, nachvollziehbarer Erläuterungen sowie in der Angabe von Handlungsempfehlungen zu deren Behebung. Die Vorgaben der TrinkwV [10] sind als Mindestanforderung zu beachten.

Wichtiger Hinweis

Im Verlauf der Ortsbesichtigung, der orientierenden und ggf. weitergehenden Untersuchung können sich Erkenntnisse ergeben, die eine Konkretisierung/Erweiterung der Aufgabenstellung im Gespräch mit dem Auftraggeber erfordern.

Aufbauend auf den grundsätzlichen Anforderungen des § 16 Abs. 7 TrinkwV [10] ist die gutachterliche Vorgehensweise im Rahmen eines Gutachtens zur Gefährdungsanalyse strukturiert und vorgegeben. Dort heißt es konkret, dass bei einer Überschreitung des technischen Maßnahmenwerts unverzüglich

1. Untersuchungen zur Aufklärung der Ursachen einschließlich einer Ortsbesichtigung sowie einer Prüfung auf Einhaltung der allgemein anerkannten Regeln der Technik durchzuführen ist und auf dieser Grundlage der festgestellten Mängel dann
2. eine Gefährdungsanalyse zu erstellen ist.

Diese Unterscheidung seitens des Verordnungsgebers zeigt bereits, dass es mit dem Ausfüllen einer Checkliste während der Ortsbesichtigung nicht getan ist. Dementsprechend definiert auch die Richtlinie VDI/BTGA/ZVSHK 6023 Blatt 2 bei der Vorgehensweise zunächst Anforderungen an die Ortsbesichtigung mit Bestandsaufnahme. Hier soll die Trinkwasser-Installation in ihrer Gesamtheit begutachtet werden, festgestellte Abweichungen von den allgemein anerkannten Regeln der Technik (die grundsätzlich als Mängel anzusehen sind) sollen dabei in einem Inspektionsbericht dokumentiert werden. Der Inspektionsbericht dient einerseits dazu, die strukturierte und vereinheitlichte Vorgehensweise zu unterstützen, und andererseits der lückenlosen Dokumentation der Feststellungen, Messergebnisse und weiterer Informationen, die im Rahmen der Ortsbesichtigung ermittelt werden.

Eine Ortsbesichtigung muss durch den jeweiligen Sachverständigen persönlich durchgeführt werden, da sich nur durch eine persönliche Augenscheinnahme die hydraulischen und technischen Zusammenhänge erschließen. Aus der Bilddokumentation einer Hilfskraft vor Ort oder des Betreibers selbst können ohne die tatsächliche Ortskenntnis keine fundierten Schlussfolgerungen gezogen werden und wichtige Details könnten übersehen werden. Auch gängige Videoübertragungs-Formate über Plattformen wie „Facetime“ oder „Skype“ können keinesfalls die tatsächliche Augenscheinnahme vor Ort ersetzen, insbesondere da zur Bewertung der hydraulischen Situation an neuralgischen Stellen Messungen physikalischer Größen, wie Temperatur, Druck oder Volumenstrom, nach vorgegebenen Abläufen durchgeführt werden müssen.

Im Anhang C der Richtlinie VDI/BTGA/ZVSHK 6023 Blatt 2 findet sich als Hilfestellung für den vielleicht noch unerfahrenen Sachverständigen eine umfangreiche Checkliste mit möglichen Informationen, die im Rahmen der Ortsbesichtigung abgefragt bzw. überprüft werden können. Selbstverständlich erhebt diese Checkliste keinesfalls den Anspruch auf Vollständigkeit und in vielen Trinkwasser-Installationen sind manche der dort aufgelisteten Punkte gar nicht vorhanden (z. B. Wasserbehandlungsanlagen). Die Aufstellung aus Anhang C ist daher für jede Anlage individuell anzupassen und kann nicht mehr als eine rudimentäre Gedankenstütze darstellen.

Sollte der Sachverständige als Inspektionsbericht vor Ort eine solche oder ähnliche Checkliste als Gedankenstütze oder zur Dokumentation seiner Erkenntnisse verwenden, ist dieser Inspektionsbericht als Anhang dem Gutachten zur Gefährdungsanalyse beizufügen.

Wichtig ist in diesem Zusammenhang nochmals der Hinweis, dass alleine das Ausfüllen eines Inspektionsberichts noch lange nicht das ausführliche, schriftliche Gutachten mit Erläuterungen, der Ableitung der sich aus den Mängeln ergebenden Gefährdungen für die Nutzer und den zielgerichteten Handlungsempfehlungen ersetzt.

Anforderungen an Inspektionsberichte werden beispielsweise unter Punkt 7.4 der DIN EN ISO/IEC 17020 definiert:

> „Alle Inspektionsberichte/Inspektionsbescheinigungen müssen sämtliche der folgenden Angaben enthalten:
>
> a) Kennzeichnung der ausstellenden Stelle;
>
> b) eindeutige Bezeichnung und Datum der Ausstellung;
>
> c) Datum (Daten) der Inspektion;
>
> d) Identifizierung des/der Gegenstandes/Gegenstände, der/die inspiziert wurde/n;

e) Unterschrift oder ein anderer Hinweis auf Bestätigung durch autorisiertes Personal;

f) wo zutreffend eine Konformitätsaussage;

g) die Inspektionsergebnisse."

Der Inspektionsbericht stellt daher per definitionem lediglich einen Soll/Ist-Vergleich dar im Sinne einer Konformitätsbewertung im Vergleich mit den a. a. R. d. T. nach DIN EN ISO/IEC 17020 und bleibt damit alleine für sich betrachtet inhaltlich weit hinter den Anforderungen an ein vollständiges Gutachten zur Gefährdungsanalyse nach VDI/BTGA/ZVSHK 6023 Blatt 2 zurück.

Gemäß § 3 Nr. 13 TrinkwV [10] ist eine „Gefährdungsanalyse" kein reiner Soll/Ist-Vergleich, sondern vielmehr „die systematische Ermittlung von Gefährdungen der menschlichen Gesundheit sowie von Ereignissen oder Situationen, die zum Auftreten einer Gefährdung der menschlichen Gesundheit durch eine Wasserversorgungsanlage führen können". Auch hier wird also deutlich, dass der Inspektionsbericht nur die Ergebnisse der Ortsbesichtigung dokumentiert (Soll/Ist-Vergleich) und damit lediglich ein Teil des Gutachtens zur Gefährdungsanalyse ist.

Die vor Ort ermittelten und ggf. im Inspektionsbericht festgehaltenen Informationen müssen nachfolgend in einem schriftlichen Gutachten verarbeitet werden. Empfohlen wird dazu die typische Gutachtenform, wie sie nach der DIN 1422 für Veröffentlichungen aus Wissenschaft, Technik, Wirtschaft und Verwaltung bekannt und etabliert ist.

Abweichend von der einfachen, gerichtlichen Gutachtenform mit „Fragestellung – Feststellungen/Erläuterung – Beantwortung der Fragestellung" muss ein Gutachten zur Gefährdungsanalyse um die beiden wesentlichen Aspekte „Ableitung von Gefährdungen" und „Handlungsempfehlungen" ergänzt werden, sodass sich nach Punkt 5.2 der Richtlinie ein 5-stufiger Gutachtenaufbau ergibt.

Es ist unerlässlich, dass der Sachverständige vor Ort die jeweils aktuellen Anforderungen der einschlägigen allgemein anerkannten Regeln der Technik kennt. Die frühere Weisheit „Ich muss nicht alles wissen, ich muss nur wissen, wo es steht!" hat in diesem Fall keinerlei Berechtigung. Wenn ein Sachverständiger sich die aktuellen Anforderungen der technischen Regelwerke nicht angeeignet hat, kann er ggf. eine Abweichung von diesen normativen Vorgaben vor Ort auch nicht erkennen.

Die zweite Stufe des Ablaufschemas in Bild 1 der Richtlinie „Prüfung auf Einhaltung der allgemein anerkannten Regeln der Technik" erfolgt daher zweimal:

Es muss zunächst ein kontinuierlicher Abgleich der vor Ort vorgefundenen Installation mit den jeweils aktuellen normativen Anforderungen der Regelwerke während der Ortsbesichtigung durchgeführt werden, um eventuelle Abweichungen erfassen und dokumentieren zu können. Danach müssen diese rechtlichen oder normativen Anforderungen als Erläuterungen im Gutachten dem Leser zur Verfügung gestellt werden, damit auch der Auftraggeber die korrekte Ausführung und die wesentlichen Anforderungen verstehen kann. Wie bereits ausgeführt muss das Gutachten inhaltlich klar, vollständig und erschöpfend die nachteiligen Folgen und die sich daraus ergebenden Gefahren der mangelhaften Ausführung konkret darlegen (Erläuterungen und Ableitung von Gefährdungen), damit dem Auftraggeber die Tragweite der Nichtbefolgung der Handlungsempfehlungen ausreichend deutlich wird.

Es muss daher dargestellt werden, wie die Ausführung korrekt hätte sein müssen und es genügt dabei nicht, wenn der Sachverständige Hinweise auf detailliertere Informationen außerhalb der Gefährdungsanalyse gibt oder lediglich auf Regelwerksnummern verweist.

Beispiel für eine korrekte Erläuterung zur Problematik von stagnierenden Leitungsteilen im Rahmen eines Gutachtens zur Gefährdungsanalyse:

Bei Stagnation des Wassers kann die Wasserbeschaffenheit durch ansteigende Konzentrationen von gelösten oder suspendierten Stoffen oder ein Bakterienwachstum beeinträchtigt werden. Die Intensität der Beeinträchtigung hängt von den verwendeten Materialien, der Wasserbeschaffenheit, der Temperatur (z. B. Leitungen in Heizungsräumen) und der Dauer der Stagnation ab. Gemäß VDI/DVGW 6023 [19] sind nicht durchströmte Leitungen (z. B. „Totleitungen“, Reserveleitungen usw.) oder Apparate daher nicht zulässig. Zum bestimmungsgemäßen Betrieb gehört eine hinreichend häufige Durchspülung jedes Anlagenteils. Es dürfen nur Apparate für die Trinkwasser-Installation verwendet werden, die zwangsweise durchströmt werden. Nicht genutzte Entnahmestellen und Leitungen sind rückstandsfrei (d. h. Ausbau des T-Stücks aus der durchströmten Leitung) zu entfernen.

Nach VDI/DVGW 6023 [19], Kap. 7.2, stellt eine Nichtnutzung von mehr als 72 Stunden eine Betriebsunterbrechung dar, die unbedingt zu vermeiden ist. Nur wenn nachgewiesen ist, dass sich die Trinkwasserqualität nicht nachteilig verändern kann (z. B. durch entsprechende Trinkwasseranalysen) und bei ansonsten hygienisch einwandfreien Verhältnissen in der Trinkwasser-Installation ist eine Nichtnutzung von max. 7 Tagen zulässig.

Völlig unzureichend wäre es hingegen, wenn der Sachverständige lediglich schreiben würde „Mangel: stagnierende Leitung, Regelwerksbezug: VDI/DVGW 6023 [19], DIN 1988-200 [26]“.

Im Rahmen der „Gefährdungsanalyse im engeren Sinne“ müssen demnach auch die konkreten möglichen Gesundheitsgefährdung für die Nutzer, die sich aus den jeweiligen technischen oder betriebstechnischen Mängeln ergeben können, abgeleitet und dargestellt werden. Hier ist eine kognitive Übertragungsleistung des Sachverständigen im Gutachten notwendig, um dem Auftraggeber die möglichen Folgen des Mangels „inhaltlich klar und erschöpfend“ zu verdeutlichen.

Beispiel einer „Gefährdungsanalyse im engeren Sinne“ bei stagnierenden Leitungen:

„Sind Anlagenteile mit stagnierendem Wasser unmittelbar mit dem Trinkwasser verbunden, besteht eine ernsthafte Gefahr für die Qualität des Trinkwassers und damit für die Nutzer. Stagnationsbedingte Veränderungen in Geruch, Geschmack oder Farbe des Trinkwassers sind in der Regel nicht gesundheitsschädlich. Gesundheitsgefahren können jedoch auftreten, wenn das stagnierende Wasser mit Bestandteilen der umgebenden Werkstoffe so stark verunreinigt wird, dass Vergiftungen möglich sind (z. B. Schwermetallaufnahme aus metallenen Rohrleitungen) oder die Stagnationsbedingungen die Vermehrung pathogener Mikroorganismen ermöglichen (z. B. Legionellen). Mikroorganismen, die sich in stagnierenden Leitungen ansiedeln und vermehren, können in Stillstandszeiten oder bei Druckschwankungen in Folge von großer Entnahme auch gegen die Fließrichtung in die zuführende Leitung zurück wachsen und ggf. hierdurch in andere Teile der Trinkwasser-Installation gelangen bzw. sich verbreiten. Insbesondere zentrale Stagnationsbereiche an Verteilern oder Trinkwassererwärmern können nachteilige Auswirkungen auf die nachgeschalteten oder hiermit verbundenen Leitungssysteme haben. Bei stagnierendem Wasser in selten genutzten Leitungen unter Wärmelasten aus der Umgebung, z. B. im Bereich der Trinkwassererwärmung, besteht ein erhöhtes Risiko auf mikrobielles Wachstum mit der Gefährdung einer Infektion der Nutzer durch krankheitserregende Bakterien im Trinkwasser (...).“

Tatsächlich handelt es sich bei einem solchen Gutachten eben nicht um eine einzelne Gefährdungsanalyse, sondern es sind wie nachfolgend unter Punkt 5.6 der Richtlinie beschrieben, bis zu 12 individuelle Gefährdungsanalysen im Rahmen des Gutachtens durchzuführen, jeweils räumlich und thematisch nach den einzelnen Bereichen der individuellen Trinkwasser-Installation unterteilt.

Im Verlauf des Prozesses zur Erstellung eines Gutachtens zur Gefährdungsanalyse können sich Erkenntnisse ergeben, die eine Konkretisierung/Erweiterung der Aufgabenstellung im Gespräch mit dem Auftraggeber erfordern. Dazu gehört unter anderem die Festlegung geeigneter Probennahmestellen für zukünftige orientierende/systemische Untersuchungen oder die Festlegung der Probennahmestellen zur weitergehenden und Nachuntersuchung im Rahmen der aktuellen Untersuchungen zur Aufklärung der Ursachen. Auch eine weitere gutachterliche Begleitung von Sanierungsmaßnahmen zur Kontrolle der Planung und Ausführung können sich als gutachterliche Leistungen ergeben.

Mit Verweis auf die bereits unter Punkt 5 ausführlich dargestellte Notwendigkeit der Unbefangenheit und Unabhängigkeit des Sachverständigen ist es jedoch ausgeschlossen, dass der Sachverständige den Auftrag zur Probennahme selbst übernimmt oder selber planerisch oder ausführend für den Kunden tätig wird. Um die Unabhängigkeit und Neutralität der Begutachtung nicht zu gefährden, sollten Sachverständige ausschließlich gutachterlich tätig sein und keine weiteren finanziellen Interessen im Vertrieb von Produkten oder im Bereich der Planung, Installation oder Sanierung von Trinkwasser-Installationen im jeweiligen Objekt der Begutachtung verfolgen. Mit anderen Worten: Wer den Auftrag über ein Gutachten zur Gefährdungsanalyse übernimmt, verzichtet bei diesem Kunden gleichzeitig auf den Auftrag zur Sanierung.

Alle Ergebnisse der Ortsbesichtigung/Bestandsaufnahme müssen entsprechend unbefangen erfolgen, alle hieraus abgeleiteten Handlungsempfehlungen müssen nach bestem Wissen ausschließlich auf den allgemein anerkannten Regeln der Technik, die als Mindestanforderung gem. §§ 4 Abs. 1, 17 Abs. 1 TrinkwV [10] einzuhalten sind, basieren. Die geschuldete werkvertragliche Leistung liegt in der konkreten Feststellung der technischen oder betriebstechnischen Mängel der Trinkwasser-Installation, deren Interpretation hinsichtlich denkbarer Gefährdungen für die Nutzer, nachvollziehbarer Erläuterungen sowie in der Angabe von Handlungsempfehlungen zu deren Behebung. Demnach muss die Trinkwasser-Installation spätestens nach Abschluss der Sanierung in den vorgegebenen Nachuntersuchungen mikrobiologisch unauffällig sein, da der Ersteller der Gefährdungsanalyse dem Auftraggeber den Erfolg schuldet (§§ 280, 281, 631 BGB Werkvertrag).

5.2 Struktur

5.2 Struktur

Im Rahmen der Ortsbesichtigung mit Prüfung auf Einhaltung der allgemein anerkannten Regeln der Technik werden alle relevanten Daten sowie der Istzustand der Trinkwasser-Installation, gesundheitliche und organisatorische Risikofaktoren sowie zurückliegende oder absehbare Ereignisse ermittelt, die eine Gefährdung durch die Nutzung des Trinkwassers darstellen. Auf Basis dieser Daten und Fakten ist eine Gefährdungsanalyse zu erstellen. Es ist hierbei auf eine klar strukturierte Kennzeichnung der einzelnen Anlagenabschnitte und Bilder zu achten, um diese eindeutig zuordnen zu können (siehe Abschnitt 5.5). Durch die genaue Prüfung des konstruktiven Aufbaus der Trinkwasser-Installation lässt sich eine Bewertung durchführen.

Die formale Darstellung der jeweils begutachteten Punkte gliedert sich in die folgenden Bereiche:

- Ortsbesichtigung mit Bestandsaufnahme
  Darstellung des Istzustands in Schrift und Bild
- Prüfung auf Einhaltung der allgemein anerkannten Regeln der Technik
  Vorgaben der technischen Regelwerke
- Gefährdungsanalyse im engeren Sinne
  Begründung, warum die vorgefundene Ausführung zu einem gesundheitlichen Risiko führen kann
- abschließende Zusammenfassung
  Zusammenführung und Bewertung der Ergebnisse und Befunde
- Handlungsempfehlungen
  Aufzeigen und zeitliches Priorisieren geeigneter Möglichkeiten, wie Mängel beseitigt werden können (siehe Abschnitt 5.9).

Die formale Darstellung der jeweils begutachteten Punkte gliedert sich gem. VDI/BTGA/ZVSHK 6023 Blatt 2 in die fünf Bereiche

Bestandsaufnahme – Wie ist es?

Im Rahmen der Bestandsaufnahme werden noch keine Bewertungen, keine Interpretationen oder gar Vermutungen geäußert – es sollen nur Beobachtungen und Messungen dokumentiert werden und die vorgefundenen Ausführungen in Schrift und Bild sollen als Feststellung des Ist-Zustands (inkl. Fotodokumentation und Beschreibung) dargestellt werden.

Prüfung auf Einhaltung der a. a. R. d. T. (Erläuterungen) – Wie sollte es sein?

Im Rahmen der Erläuterungen sollen kurze und bündige Darstellungen der Vorgaben der technischen Regelwerke gegeben werden, jedoch ohne unnötiges „Füllmaterial". Es gibt keine Notwendigkeit, einem Gutachten zur Gefährdungsanalyse seitenweise Auszüge aus der Trinkwasserverordnung oder aus UBA-Empfehlungen beizugeben, um den Umfang eines Gutachtens künstlich zu erhöhen.

Die Grundlage für ein Gutachten zur Gefährdungsanalyse sind wie erwähnt immer die aktuellen allgemein anerkannten Regeln der Technik und im Sinne der VDI/BTGA/ZVSHK 6023 Blatt 2 ist jede Abweichung von den aktuell geltenden allgemein anerkannten Regeln der Technik ein Mangel.

Welche Regelwerke mit Bezug zur Trinkwasserhygiene unter dem Begriff „allgemein anerkannte Regeln der Technik" konkret gemeint sind, wurde in der UBA-Empfehlung zur Gefährdungsanalyse definiert. Hier heißt es unter Punkt 4:

> *„Grundlage der Gefährdungsanalyse sind die Anforderungen der Trinkwasserverordnung sowie die allgemein anerkannten Regeln der Technik, hier insbesondere das DVGW-Arbeitsblatt W 551 und die VDI-Richtlinie 6023. (...) Weitere Grundlagen werden in der VDI-Richtlinie 6023 in den Normenreihen DIN EN 806 ff. und DIN 1988 ff. beschrieben"*

Bei der Erstellung von Gefährdungsanalysen ist also vorrangig zu prüfen, ob die Anforderungen der VDI/DVGW 6023 [19] und des DVGW W 551 (A) eingehalten wurden, die Anforderungen der DIN EN 806 und der DIN 1988 sind hier nachrangig.

Aufgrund neuer Erkenntnisse oder Forschungsergebnisse und einem fortgeschrittenen Wissensstand ändern sich diese allgemein anerkannten Regeln der Technik laufend. Wenn also ein Gutachten zur Gefährdungsanalyse noch auf Grundlage von veralteten Regelwerken erstellt wurde, ist dieses Gutachten heute natürlich nicht mehr verwertbar. Das DVGW-Arbeitsblatt W 551 wurde beispielsweise im Jahr 2004 zuletzt überarbeitet und veröffentlicht. Bereits im Jahr 2017 wurde daher durch den DVGW die ergänzende Fachinformation Nr. 90 publiziert, die wesentliche Informationen und aktuelle Erläuterungen zu den Anforderungen des DVGW-Arbeitsblattes W 551 enthält. Damit ist jedoch auch klargestellt, dass das Arbeitsblatt W 551 aus 2004 heute nicht mehr alleine als allgemein anerkannt angesehen werden kann, sondern nur noch zusammen mit den aktuellen Erläuterungen der Fachinformation Nr. 90 angewandt werden kann.

Gefährdungsanalyse im engeren Sinne zu den Feststellungen – Was könnte passieren?

Aus den Ergebnissen der Ortsbesichtigung und der Prüfung auf Einhaltung der a. a. R. d. T. ist für jeden der festgestellten Mängel das Gefährdungsereignis zu definieren und die dazugehörigen Gefährdungen sind zu benennen (was könnte konkret passieren).

Die Ableitung von Gefährdungen, die sich aus technischen Mängeln ergeben, sind individuell, abgestimmt auf die regelmäßigen Nutzer, zu bewerten. Eine Legionellen-Kontamination von 4.700 KBE/100 ml ist in einem Wohngebäude beispielsweise anders zu bewerten als in einem Pflegeheim, in dem sich gewöhnlich immungeschwächte Patienten aufhalten und das Trinkwasser nutzen.

Bei der Analyse von Gefährdungen, die sich aus einem technischen Mangel ergeben, wird von Sachverständigen eine gewissen kognitive Übertragungsleistung verlangt. Hier muss dem Auftraggeber erklärt werden, warum es beispielsweise in einer stagnierenden Totleitung durch die fehlende Durchströmung zu einer Ansiedelung von Mikroorganismen und damit einhergehend zu einer Biofilmbildung kommen kann und dass diese Mikroorganismen dann auch gegen die Fließrichtung wieder in die durchströmte Verteilleitung gelangen, zum Nutzer transportiert werden und bei diesem zu einer Infektion und Erkrankung führen können.

Abschließende Zusammenfassung – Warum besteht hier ein konkretes Risiko?

In der abschließenden Zusammenfassung sollen die Ergebnisse und Befunde der jeweils betrachteten Punkte 5.6.1 bis 5.6.12 der Richtlinie zusammengeführt werden. In der Zusammenfassung werden Zusammenhänge erklärt, die sich nicht aus den einzelnen Erläuterungen der Mängel selbst ergeben, und es werden Schlussfolgerungen zu Risiken gezogen.

Handlungsempfehlungen – Was sollte getan werden?

Die geeigneten Möglichkeiten, wie ein Mangel oder ein Missstand beseitigt werden kann, sodass keine weiteren Risiken von dem Anlagenteil ausgehen können und die Anlage wieder bestimmungsgemäß betrieben werden kann, sind aufzuzeigen. Im Rahmen der Ableitung von Handlungsempfehlungen gilt es zudem zu klären, welche der Gefährdungen wesentlich und prioritär zu beseitigen sind. Aufgrund einer akuten Infektionsgefährdung werden dies in der Regel mikrobielle Gefährdungen sein, insbesondere wenn die Überschreitung des technischen Maßnahmenwerts für Legionellen der Auslöser für die Gefährdungsanalyse war. Das Ergebnis ist somit eine zeitliche Priorisierung der Handlungsempfehlungen.

Beispiel für den 5-stufigen Gutachtenaufbau nach VDI/BTGA/ZVSHK 6023 Blatt 2 aus dem Gutachten zur Gefährdungsanalyse in einem Wohngebäude (Auszug):

Kapitel 5.1 Hauswassereingang

Ergebnisse der Ortsbesichtigung/Bestandsaufnahme

Hauswassereingang befindet sich in der Technikzentrale im Untergeschoss Haus Nr. 133. Vor und nach der Wasserzähleinrichtung befinden sich in Fließrichtung geeignete Absperreinrichtungen.

Bild 2: *Hauswassereingang: Gesamtansicht zentraler Hauswassereingang Haus-Nr. 133, UG Technikraum mit Detailansicht Wasserzähleinrichtung (eigenes Bild)*

Die Wasserzähleinrichtung weist starke Verunreinigungen mit rostigen Ablagerungen im Zählwerk auf. Eine Sicherungseinrichtung Typ EA ist in Bauform eines prüfbaren KFR-Ventils installiert. Der Hauswassereingang verfügt über einen geeigneten, rückspülbaren Filter und Druckminderer. Der Druckminderer liegt jedoch vor dem Filter und ist damit nicht gegen Funktionsstörungen aufgrund von eingeschwemmten Partikeln geschützt.

Die Maschenweite des Filters war am Typenschilds nicht feststellbar, der Spülauslass des Filters wurde zur Ableitung von Tropf- bzw. Spülwasser über einen freien Ablauf zur Abwasserleitung geführt. Das Filterelement ließ sich mangels Sichtfenster optisch nicht überprüfen.

Die Leitungen am Hauswassereingang bestehen aus schmelztauchverzinkten Eisenwerkstoffen.

Über einen Verteiler wird das Trinkwasser (kalt) in die unterschiedlichen Gebäudebereiche weitergeleitet. Der Verteiler verfügt über 4 Abgänge, die notwendigen Beschriftungen weisen lediglich die Zuleitung für den Trinkwassererwärmer aus, weitere Beschriftungen oder Kennzeichnungen sind nicht vorhanden.

Die Leitungen und Armaturen am Hauswassereingang mit Verteilerbalken sind nicht gegen Kondenswasser oder Aufwärmung gedämmt, die abgehenden Leitungen sind nur teilweise mit PVC-ummantelter Mineralwolle gedämmt.

Zum Zeitpunkt der Ortsbegehung am 23.01.2018 betrug die Raumtemperatur in mittlerer Höhe gemessen 26,2 °C und lag damit deutlich über den geforderten 25 °C für Hausanschlussräume, die gemessene PWC-Temperatur betrug am Verteiler nach Ablauf von 0,5 Liter n 24,8 °C. Das zur Temperaturmessung entnommene Trinkwasser zeigte deutliche rot-braune Verfärbungen, augenscheinlich aufgrund von Korrosionsvorgängen.

Der Instandhaltungszustand war nur optisch prüfbar, da Nachweise über regelmäßige Instandhaltung nicht erkennbar waren oder vorgelegt werden konnten. Nach Auskunft des begleitenden Hausmeisters Herr Muster wird der Filter einmal im Jahr gespült.

Prüfung auf Einhaltung der a. a. R. d. T./Erläuterungen

Nach VDI 2050-2 Punkt 5.3. muss die Hausanschlussleitung frostfrei gehalten werden. Anschluss- und Betriebseinrichtungen dürfen auch in Räumen mit Heizkesseln bis 50 KW angeordnet werden. Trinkwasserleitungen in Hausanschlussräumen sind jedoch so zu installieren und zu betreiben, dass die Temperatur des Trinkwassers (kalt) 25 °C nicht überschreiten kann. Wärmequellen und Raumtemperaturen in Technikzentralen dürfen das Trinkwasser (kalt) auch unter Beachtung von Stagnationszeiten nicht auf eine Temperatur >25 °C erwärmen. Technikzentralen für Trinkwasserleitungen (kalt) müssen gem. VDI/DVGW 6023 so geplant und gebaut werden, dass eine Trinkwassertemperatur von 25 °C (Empfehlung: nicht über 20 °C) nicht überschritten wird.

Um aus hygienischen Gründen eine Erwärmung des Trinkwassers (kalt) zu verhindern, sind auch gem. DIN 18012 ständige Umgebungstemperaturen über 25 °C zu vermeiden (vgl. auch VDI/DVGW 6023 Punkt 6.2.1).

Gemäß DIN 1988-200 [26] Punkt 11.3 besteht der Hauswassereingang – in Fließrichtung gesehen – z. B. aus:

- *Absperrarmatur (ggf. Hauptabsperreinrichtung),*
- *Wasserzähleinrichtung,*
- *Ggf. längenveränderliches Ein- und Ausbaustück,*
- *Absperrarmatur,*
- *Prüfbarer Rückflussverhinderer Typ EA gem. DIN EN 1717 [23],*
- *Filter gem. DIN EN 13443-1 [50],*
- *ggf. Druckminderer.*

Gemäß § 12 der Verordnung über allgemeine Bedingungen für die Versorgung mit Wasser (AVBWasserV) sind Anlage und Verbrauchseinrichtungen so zu betreiben, dass Störungen anderer Kunden, störende Rückwirkungen auf Einrichtungen des Wasserversorgungsunternehmens oder Dritter oder Rückwirkungen auf die Güte des Trinkwassers ausgeschlossen sind. DIN 1988 Teil 200 legt ergänzend hierzu im Punkt 3.1.2 fest: „Trinkwasser-Installationen dürfen keine negativen Rückwirkungen auf die öffentliche Trinkwasserversorgung, z. B. in Form von Verunreinigungen oder Druckstößen, hervorrufen." Gemäß Punkt 3.2.1 Bild 1 DIN 1988-200 [26] ist unmittelbar hinter der Wasserzählanlage mindestens ein prüfbarer Rückflussverhinderer Gruppe E Typ A gem. DIN EN 1717 [23] zu installieren.

DIN 1988-200 [26] definiert weiter in Punkt 12.3.1 „Eine Trinkwasserbehandlung, wie mechanische Filterung, schützt gegen partikelinduzierte Lochkorrosion." Mechanische Filter gem. DIN EN 13443-1 (Maschenweite ≥ 80 µm) am Hauswassereingang sind bei allen Leitungswerkstoffen erforderlich (vgl. DIN 1988-200 Punkt 12.3.3 [26]). Bei rückspülbaren Filtern muss das Spülwasser nach DIN EN 1717 [23] über einen freien Auslauf in einen Entwässerungsgegenstand abgeführt werden.

Der Einsatz von Druckminderern ist erforderlich, wenn der maximale Druck in der Trinkwasserleitung kalt über dem in der DIN 1988-200 Punkt 10.3.2 [26] vorgegebenen Nenneinstelldruck für den Einbau von Sicherheitsventilen liegt. Druckminderer sind nach DIN 1988-200 Punkt 16 [26] auszulegen und zu installieren. Nach § 17 TrinkwV [10] dürfen für die Neuerrichtung oder Instandhaltung von Anlagen für die Gewinnung, Aufbereitung oder Verteilung von Trinkwasser nur Materialien und Werkstoffe eingesetzt werden, die ausdrücklich für Trinkwasser geeignet sind.

Sie dürfen das Wasser nicht nachteilig verändern, den Geruch oder Geschmack des Wassers verändern oder Stoffe in vermeidbaren Konzentrationen ans Trinkwasser abgeben (Bewertung des Leitungsmaterials und der Dämmung siehe Punkt 5.2).

Nach DVGW W 557 (A) ist eine regelmäßige, fachgerechte Instandhaltung die Voraussetzung für einen hygienisch unbedenklichen, bestimmungsgemäßen Betrieb einer Trinkwasser-Installation. Regelungen zur Instandhaltungsplanung und zum Hygieneplan finden sich in der DIN EN 806-5, der aktuellen Ausgabe der VDI-Richtlinie 3810-2/6023-3 und der VDI/DVGW 6023 (siehe auch Punkt 5.10).

Gefährdungsanalyse

Eine hohe Umgebungstemperatur in Hausanschlussräumen kann dazu führen, dass die Temperatur des Trinkwassers (kalt) unzulässig steigt auf Medientemperaturen > 25 °C. Diese unzulässige Erwärmung bietet dann ideale Vermehrungsbedingungen für pathogene Mikroorganismen, wie z. B. Legionellen oder Pseudomonas aeruginosa.

Ohne geeignete Sicherungseinrichtung als Bestandteil der Wasserzählanlage könnten nachteilige Rückwirkungen auf die Trinkwasserqualität aus der Hausinstallation auf die Versorgungssysteme des Wasserversorgers nicht ausgeschlossen werden (siehe auch Kap. 5.9). Ist die Sicherungseinrichtung nicht prüfbar, kann ein Versagen des Bauteils durch Instandhaltung nicht erkannt werden.

Feststoffpartikel, ohne Berücksichtigung ihrer Natur oder ihres Ursprungs, lagern sich in den Rohren ab. Sie können dadurch in den Rohren unterschiedlich belüftete Bereiche erzeugen, bei denen das mit der Ablagerung bedeckte Metall als Anode wirkt. Ablagerungen können ebenso das Wachstum von Mikroorganismen begünstigen. Beide Erscheinungen können Korrosion hervorrufen, die unerkannt bleibt und zur Rohrperforation führen kann. Feststoffpartikel können ebenso zu Funktionsstörungen angeschlossener Armaturen und Apparate führen.

Werden Druckminderer falsch bemessen oder installiert, oder nicht instandgehalten, kann sich der Druck in der nachfolgenden Trinkwasserleitung unzulässig verändern, was zu Fehlfunktionen der darin enthaltenen Einbauteile führen kann.

Werden Filter, Druckminderer und andere mechanische Bauteile nicht regelmäßig inspiziert, geprüft und instandgehalten (ggf. Wartung), können diese Bauteile ihre Funktion nicht ordnungsgemäß erfüllen. Ein Versagen der Bauteile steht zu befürchten. Bei Unterlassung oder nicht fachgerechter Durchführung von Instandhaltungsmaßnahmen, insbesondere bei Filtern, Sicherungseinrichtungen und anderen Einrichtungen besteht ein hohes Risiko mikrobiologischer und/oder chemischer Kontaminationen mit negativen Auswirkungen auf die Trinkwasserqualität.

Zusammenfassung

Der Hauswassereingang befindet sich unter erheblichen Wärmelasten in der Technikzentrale, die gemessene Temperatur am Hauswassereingang übersteigt die aus hygienischen Gründen empfohlene Temperatur von 20 °C.

Alle notwendigen Bauteile und Armaturen sind vorhanden, jedoch teilweise falsch positioniert (Druckminderer vor Filter) und nicht ausreichend gekennzeichnet.

Filter, Druckminderer, Absperrventile und Sicherheitseinrichtungen usw. sind offenbar schon seit Längerem nicht mehr oder noch nie inspiziert, geprüft oder instandgehalten worden. Der Instandhaltungszustand der Anlage insgesamt ist als ungenügend zu bezeichnen.

Handlungsempfehlungen/Sanierungsvorschläge

Sicherungseinrichtung, Filter und Druckminderer sind umgehend mindestens nach den a. a. R. d. T. durch ein Installationsunternehmen zu überprüfen und instand zu setzen (Kapitel 5.10).

Anhand des Eichsiegels ist ersichtlich, dass die Wasserzähleinrichtung ohnehin dieses Jahr durch den Wasserversorger auszutauschen ist.

Da sich der Druckminderer fälschlicherweise vor statt nach dem Filter befindet, sollte die Reihenfolge korrigiert werden, um auch die Druckregelarmatur vor Funktionsausfall durch Partikel zu schützen.

Aufgrund des Alters und des unzureichenden Instandhaltungszustandes der Bauteile sowie der aufgrund von Korrosion ersichtlich ungeeigneten Leitungswerkstoffe empfiehlt es sich jedoch, den Hauswassereingang komplett zu erneuern. Bei einer Neuinstallation des Hauswassereingangs sollte die Hausanaschlussstrecke und die Verteilung PWC im Nebenraum außerhalb von Wärmelasten aus der Umgebung vorgesehen werden.

Die Leitungen und Armaturen sollen nach den Anforderungen der a. a. R. d. T. gedämmt und beschriftet werden (Kapitel 5.2).

Auf Grundlage der Handlungsempfehlungen sollte als Ergebnis zur sicheren Beseitigung der Mängel ein geordneter Maßnahmenplan ausgearbeitet werden können. Geeignete Maßnahmen ergeben sich grundsätzlich nur aus den aktuell geltenden allgemein anerkannten Regeln der Technik, u.a. aus den Arbeitsblättern DVGW W551 (A), DVGW W556 (A), DVGW W 557 (A) und ggf. aus DVGW W 558 (A). Hierbei wird zwischen folgenden Maßnahmen unterschieden:

- betriebstechnische (z.B. Stell-, Steuer-, Regler-Einstellung z.B. der Temperaturen, Zirkulationspumpen)
- verfahrenstechnische (z.B. Reinigung, ggf. thermische oder chemische Desinfektion)
- bautechnische (z.B. Arbeiten an Leitungen, Armaturen)
- organisatorische (z.B. Spülplan, angepasstes Probennahmeschema)

Die Handlungsempfehlungen müssen darauf abzielen, die festgestellten Abweichungen von den allgemein anerkannten Regeln der Technik zu beseitigen, d.h. nach Abschluss der Sanierung muss das System der Trinkwasser-Installation im Sinne des § 4 TrinkwV [10] eben diesen allgemein anerkannten Regeln der Technik (a.a.R.d.T.) entsprechen.

Kein Bestandsschutz

Ein oft gewählter Versuch zur Vermeidung von Investitionen zur Sanierung ist die Berufung auf einen sogenannten Bestandsschutz.

Bestandsschutz ist der Respekt der Rechtsordnung vor dem Eigentum, d.h. nach dem Grundgesetz ist das Eigentum des Einzelnen im Sinne eines Bestandsschutzes zunächst einmal geschützt (Art. 14 Abs. 1 GG). Grundrechtlich geschützt ist aber auch die körperliche Unversehrtheit, hieraus abgeleitet die Gesundheit des Einzelnen (Art. 2 Abs. 2 GG). Ihrer Wertigkeit nach absteigend geordnet sind die Grundrechte: das Leben, die Freiheit, die Gesundheit, die Ehre und das Eigentum. Daraus ergibt sich bereits, dass der Gesundheitsschutz dem Eigentums- und Bestandsschutz gegenüber als höherwertiges Rechtsgut ausgewiesen ist. Zudem können einzelne Grundrechte eingeschränkt werden, wobei das Maß der Einschränkung durch den Gesetzgeber festlegt wird.

Der Gesetzgeber hat mit der Musterbauordnung (MBO), auf der alle jeweiligen Landesbauordnungen basieren, in § 3 festgelegt, dass Anlagen so zu errichten, zu ändern und instand zu halten sind, dass die Gesundheit des Einzelnen nicht gefährdet wird. Nach § 13 MBO müssen Anlagen so angeordnet, beschaffen und gebrauchstauglich sein, dass durch Wasser Gefahren oder unzumutbare Belästigungen nicht entstehen. Der Gesetzgeber hat hiermit eine sog. „Grundrechtsbeschränkung“ formuliert, wonach sich ein Eigentümer einer Trinkwasseranlage nicht uneingeschränkt auf sein Grundrecht auf Bestandsschutz berufen kann.

Der Bestandsschutz bezieht sich z. B. nach Landesbauordnung NRW § 59 auf „bauseitige Anlagen, die zwar den jetzt erhobenen Anforderungen an die baurechtliche Zulässigkeit und Genehmigungsfähigkeit nicht mehr entsprechen, die aber zum Zeitpunkt der Errichtung den seinerzeitigen Anforderungen entsprochen haben“.

Geschützt wird dieser Bestand des alten Eigentums, es sei denn, dass der Bestandsschutz, z. B. durch eine Nutzungsänderung, entfällt oder aber eine akute Gefahrenlage zu einer gesonderten Einzelfallmaßnahme zwingend Handlungsanlass bietet. Der Bestandsschutz setzt also voraus, dass die bauliche Anlage zum Zeitpunkt der Errichtung tatsächlich den Anforderungen entsprochen hat, die in den Verkehrskreisen, den Technischen Regeln und den konkret gegebenen bauordnungsrechtlichen Genehmigungen (Bauakte/Baubescheid) gefordert waren. Dieser Bestandsschutz bezieht sich jedoch nur auf die bauliche Anlage an sich, nicht jedoch auf ein ggf. durch diese Anlage transportiertes Medium. Gemäß der Definition nach Landesbauordnung NRW könnte beispielsweise eine alte Hausanschlussleitung aus Druckbleirohren durchaus Bestandsschutz genießen. Für das Trinkwasser, das durch diese formal vielleicht bestandsgeschützte Leitung fließt, gelten aber zwingend die Anforderungen der §§ 5 bis 7 TrinkwV [10].

Da die Rohrleitung die „Verpackung des Lebensmittels Trinkwasser“ ist, ist die Frage nach Bestandsschutz für eine nicht mehr den allgemein anerkannten Regeln der Technik entsprechende Anlage eindeutig zu beantworten: **Es gilt kein Bestandsschutz!**

Nachfolgend drei Beispiele, die diese Aussage verdeutlichen:

1. Der Gesetzgeber hat zum 1. Dezember 2013 den zulässigen Grenzwert für Blei auf 0,010 mg/l herabgesetzt. Da feststeht, dass dieser Grenzwert bei Trinkwasser-Installationen, in denen (noch) Bleirohre vorhanden sind, unmöglich einzuhalten ist, kann es in diesem Zusammenhang keinen Bestandsschutz geben. Die Absenkung des Bleiwertes hat oberste Priorität.
2. Im Rahmen der regelmäßigen Untersuchungspflicht gem. § 14b TrinkwV [10] wird festgestellt, dass die vorhandene Anlage nicht den derzeit geltenden allgemein anerkannten Regeln der Technik entspricht. Der Betreiber hat als Konsequenz die Trinkwasseranlage anzupassen (technische Verbesserung), sodass diese den geltenden allgemein anerkannten Regeln der Technik entspricht. Andernfalls liegt mindestens ein Verstoß gegen den

ordnungsgemäßen Betrieb nach § 17 (1) TrinkwV [10] vor, was wiederum gem. § 25 Nr. 11 h TrinkwV [10] i. V. m. § 73 (1) Nr. 24 IfSG [3] zumindest eine Ordnungswidrigkeit ist.

Eine Straftat (billigendes Inkaufnehmen!) liegt vor, wenn ein Betreiber einer Trinkwasser-Installation in Kenntnis der nicht eingehaltenen allgemein anerkannten Regeln der Technik die Anlage vorsätzlich oder fahrlässig weiterbetreibt (Hinweispflicht!) und die festgelegten Grenzwerte nach §§ 5, 6 und 7 nicht eingehalten sind, ein Verstoß gegen § 10 TrinkwV [10] vorliegt oder der Maßnahmenwert für Legionellen überschritten ist. Diese Straftat wird mit einer Freiheitsstrafe bis zu einem Jahr oder Geldstrafe geahndet (§ 24 Abs. 1 TrinkwV [10] i. V. m. § 74 IfSG [3]).

3. Bei Nichteinhalten der mikrobiologischen (§ 5), chemischen (§ 6) Anforderungen oder der Indikatorparameter (§ 7) darf der Betreiber gem. § 4 (2) und (3) TrinkwV [10] dieses Trinkwasser nicht – bzw. nicht uneingeschränkt – dem Verbraucher zur Verfügung stellen. Er hat gem. §§ 9 und 10 TrinkwV [10] entsprechende Maßnahmen zu ergreifen.

Sind also durch die Beschaffenheit einer technischen Anlage nachteilige Veränderungen auf die Trinkwasserqualität denkbar (Vorsorgeprinzip!), kann für eine solche Anlage ein Bestandsschutz nicht angewendet werden. Auch „kurzzeitige Verbindungen“ zwischen einer Trinkwasser-Installation und einer Heizungsanlage können keinen Bestandsschutz für sich beanspruchen, da auch in diesem Fall nachteilige Veränderungen denkbar sind („akute Gefahrenlage“).

Darüber hinaus bestimmt die Musterbauordnung (MBO) in § 13 „Schutz gegen schädliche Einflüsse“, dass bauliche Anlagen generell so angeordnet, beschaffen und gebrauchstauglich sein müssen, dass durch Wasser (...) Gefahren oder unzumutbare Belästigungen nicht entstehen.

Deutlich wird dieser Anspruch auf die unbedingte Einhaltung der Trinkwasserqualität auch über die Festlegung der DIN 1988 Teil 600 im Punkt 5: „Werden die Anforderungen der TrinkwV [10] nicht erfüllt, besteht kein Bestandsschutz für die Trinkwasser-Installation, die in Verbindung mit einer Feuerlösch- und Brandschutzanlage steht.“

Mit den wachsenden Erkenntnissen über die Zusammenhänge von Krankheiten und deren Ursächlichkeit, insbesondere bei Trinkwasser minderwertiger Qualität, rückt die Trinkwasser-Installation der Gebäude immer mehr ins Blickfeld. Im Bestand sind Beispiele für bedenkliche Installationsausführungen häufig zu finden – die Gefährdungsanalyse schafft hier Klarheit. Bestandsschutz ist gegenüber dem Gesundheitsschutz immer nachrangig. Der verantwortliche Unternehmer und sonstige Inhaber ist gem. VDI 6023 Blatt 3/VDI 3810 Blatt 2 verpflichtet, die erforderliche Instandhaltung der Trinkwasser-Installation jederzeit zu gewährleisten.

Das Verwaltungsgericht München hat hierzu im Jahr 2014 definiert (Az. W6/S 14.485):

> „Im Interesse des vorbeugenden Gesundheitsschutzes ist es auch zumutbar, dass die Antragstellerin zur Sanierung der Trinkwasser-Installation erhebliche finanzielle Mittel aufwenden muss (Anm.: z. B. für Erneuerung des Warmwasserspeichers). Auch im Rahmen der zu treffenden Güter- und Interessenabwägung (Anm.: d. h. Bestandsschutz) überwiegen deshalb die Gründe für das öffentliche Interesse an der Beibehaltung der gesetzlich angeordneten sofortigen Vollziehbarkeit der angeordneten Maßnahmen (...). Die Gesundheit der von einer Trinkwasseranlage versorgten Menschen ist ein besonderes hohes Gut, so dass eine Gefährdung jederzeit ausgeschlossen werden muss."

5.3 Vorgespräch mit dem Auftraggeber

5.3 Vorgespräch mit dem Auftraggeber

Aus dem Vorgespräch mit dem Auftraggeber (Unternehmer und sonstige Inhaber) und ggf. seinen Vertretern lassen sich wesentliche Informationen gewinnen.

Notwendig oder hilfreich dazu sind beispielsweise folgende Informationen:

- Baujahr der Trinkwasser-Installation und Zeitpunkt der Inbetriebnahme
- Anzahl der Wohn- und Geschäftseinheiten
- Anzahl der Nutzer
- Art der Wasserversorgungsanlage nach § 3 Nummer 2 Buchstabe b bis Buchstabe f TrinkwV [10]
- Angaben zum Betrieb der Trinkwasser-Installation:
  - Anzahl und Lage der Hausanschlüsse
  - Wasserbehandlungsmaßnahmen
  - Nutzungsbedingungen/Leerstand/Auffälligkeiten
  - Vorschäden, z. B. Rohrbrüche
  - Instandhaltungsstatus

- Trinkwasserverbrauch der letzten drei Jahre
- bereits vorliegende Befunde (z. B. Auffälligkeiten, Mängel, Laboruntersuchungsberichte)
- Ausmaß etwaiger Auffälligkeiten: Sind diese begrenzt auf einzelne Wohneinheiten/Gebäudeteile oder Teilstücke oder ist die Gesamtheit der Trinkwasser-Installation betroffen?
- Art und Komplexität des betroffenen Gebäudes und Nutzung des Gebäudes (z. B. Wohngebäude, Schule, Kindertagesstätte, Krankenhaus, Altersheim, Sportstätte)
- Vorgaben/Anordnungen durch das Gesundheitsamt
- zurückliegende Ereignisse, die zu einer Gefährdung geführt haben oder führen können (z. B. Überschwemmungen)
- Art und Umfang bereits getroffener Maßnahmen und baulicher und/oder installationstechnischer Veränderungen

Wichtiger Hinweis

Der Auftraggeber hat den Sachverständigen auf Gefährdungslagen im Zusammenhang mit der Begehung hinzuweisen und für die Zugänglichkeit zu sorgen.

Aus dem Vorgespräch mit den am Objekt Beteiligten lassen sich wesentliche Informationen gewinnen über das Baujahr, den Betrieb der Anlage, über Leerstände und etwaige Beschwerden der Nutzer. Auch die Anzahl der Wohn- oder Geschäftseinheiten, die Anzahl der Nutzer und ob Personen mit bekannter Immunsuppression die Trinkwasser-Installation nutzen, lässt sich bereits im Vorgespräch erfragen.

Hierbei müssen auch bisherige Sanierungs- und Umbaumaßnahmen oder Nutzungsänderungen bzw. Stilllegungen von Anlagenteilen beachtet werden. Führt man eine Ortsbesichtigung in einem Bürogebäude durch, ist es beispielsweise interessant zu erfahren, dass dieses Gebäude ursprünglich als Hotel errichtet wurde, mit einer Nasszelle in jedem Zimmer. Diese Information erklärt dann beispielsweise die ausgedehnte Trinkwasser-Verteilung im Gebäude oder einen ungewöhnlich groß dimensionierten Speicher-Trinkwassererwärmer. Wertvolle Hinweise z. B. über Leerstand von Wohneinheiten, über morgendliche Braunfärbung im Wasser oder über lange Wartezeiten, bis Trinkwasser ausreichend warm (oder kalt) wird, erhält man sehr oft auch im direkten Gespräch mit Hausmeistern oder Nutzern der Installation.

Zu den allgemeinen Angaben eines Objekts gehört in erster Linie jedoch die Information, wer als Unternehmer und sonstiger Inhaber des Objekts verantwortlich für den Betrieb der Trinkwasser-Installation ist. Das ist, wie der Bundesgerichtshof in seinem Urteil vom 1. Februar 2007 (Az.: III ZR 289/06) ausführt, derjenige, der die tatsächliche Herrschaft über den Betrieb der Anlage ausübt und die hierfür erforderlichen Anweisungen erteilen kann. Zwar hat der Eigentümer oft auch gleichzeitig die Herrschaft über eine Anlage, vertraglich kann jedoch eine Übertragung der Verantwortung an eine Liegenschaftsverwaltung oder eine Hausverwaltung vereinbart worden sein. Die Verantwortung für Teile der Anlage kann auch in manchen Fällen an Dritte übertragen worden sein, z. B. im Rahmen eines Energiecontractings. Dann ist der Eigentümer der Heizung, und oft auch der Trinkwassererwärmungsanlage, das Contracting-Unternehmen und nicht der Eigentümer des Gebäudes, der die Anlage je nach Vertrag dann nur geleast hat.

Die genaue Bestimmung der Art des Gebäudes ist ebenfalls eine Information, die zu den allgemeinen Angaben des Objekts gehört, z. B.

- Krankenhaus, medizinische Einrichtung gemäß UBA-Empfehlung „Periodische Untersuchung auf Legionellen“, Punkt 2.1
- Trinkwasser-Installation im Sinne der TrinkwV [10] § 3 Abs. 2 Buchst. e
- „öffentliche Tätigkeit“ im Sinne der TrinkwV [10] § 3 Abs. 11
- „Großanlage“ im Sinne der TrinkwV [10] § 3 Abs. 12

Relevante Angaben zur Historie des Gebäudes sind oft hilfreich, um zu bestimmen, welche Teile der Liegenschaft wann errichtet, erweitert, geändert bzw. stillgelegt wurden oder ob es in der Vergangenheit bereits Schäden an der Installation gab in Form von Rohrbrüchen oder Ähnlichem.

Je nach Baualter der Installation lassen sich für den erfahrenen Sachverständigen auch Rückschlüsse auf die zum Zeitpunkt der Errichtung übliche Verlegeart, die damals übliche Dämmung oder häufig verwendete Materialien ziehen.

5.4 Dokumentenprüfung

5.4 Dokumentenprüfung

Es muss geklärt werden, ob und in welchem Umfang und in welcher Aktualität eine technische Dokumentation der zu betrachtenden Trinkwasser-Installation vorhanden ist. Die Unterlagen sind vom Auftraggeber zur Verfügung zu stellen, siehe Anhang B.

Außerdem ist zu überprüfen, welche mikrobiologischen Laborbefunde vorliegen, und ob diese von einem für Trinkwasseruntersuchungen akkreditierten und nach § 15 Absatz 4 TrinkwV [10] zugelassenen Labor erhoben wurden.

Ohne ausreichende Kenntnisse über die Trinkwasser-Installation ist eine hygienisch-technische Untersuchung der Anlage nicht möglich.

Wichtiger Hinweis

Bei Fehlen oder Unvollständigkeit der geforderten Unterlagen müssen diese vom Auftraggeber beschafft, erstellt oder in Auftrag gegeben werden. In welchem Genauigkeitsgrad dies erfolgen muss, ist von der zu untersuchendem Trinkwasser-Installation abhängig und bedarf einer spezifischen Betrachtung durch den Sachverständigen.

Fehlende Unterlagen sind nicht im Rahmen der Gefährdungsanalyse zu erstellen, sondern das Fehlen ist lediglich hinsichtlich hygienischer/technischer Relevanz oder hinsichtlich Einschränkungen im bestimmungsgemäßen Betrieb zu bewerten. Dies gilt insbesondere auch für eine Neuberechnung der Rohrdimensionen. Eine solche Berechnung ist jedoch eine Voraussetzung für weitere Maßnahmen.

Im Vorfeld der Gefährdungsanalyse ist die Prüfung der vorhandenen Dokumente wichtig. In den meisten Bestandsgebäuden wird diese Prüfung relativ kurz ausfallen, da nur in seltenen Fällen eine hilfreiche Dokumentation der Trinkwasser-Installation vorhanden ist. Für den bestimmungsgemäßen Betrieb benötigt der Unternehmer oder sonstige Inhaber jedoch zwingend die grundlegende Dokumentation, Einweisung und Instandhaltungsplanung. Fehlende Unterlagen sind gem. VDI 3810 Blatt 2/VDI 6023 Blatt 3 einzufordern oder nachträglich zu erstellen, nötigenfalls im Rahmen einer systemorientierten Gefährdungsanalyse nach VDI/BTGA/ZVSHK 6023 Blatt 2 im Sinne einer Bestandsaufnahme. Auf Basis der Ergebnisse dieser Bestandsaufnahme können dann notwendige Instandsetzungen, technische Verbesserungen oder eine Einweisung der Betreiber durchgeführt werden.

Mit zunehmender Anlagenkomplexität wachsen die Anforderungen an die Dokumentation. Die Unterlagen sammeln sich über den gesamten Lebenszyklus der Trinkwasser-Installation an. Die Erstellung des Anlagenbuches erfolgt spätestens zum Zeitpunkt der Inbetriebnahme. Unter anderem sind alle allgemeinen Informationen, Planungsunterlagen, Inbetriebnahmedokumente und Herstellerunterlagen der Trinkwasser-Installationen lückenlos zu dokumentieren.

Das Betriebsbuch ist ein wichtiger Teil des Anlagenbuchs. Im Betriebsbuch werden alle Störungen, durchgeführten Maßnahmen sowie Messwerte, Analyseergebnisse und Beobachtungen chronologisch ab dem Zeitpunkt der

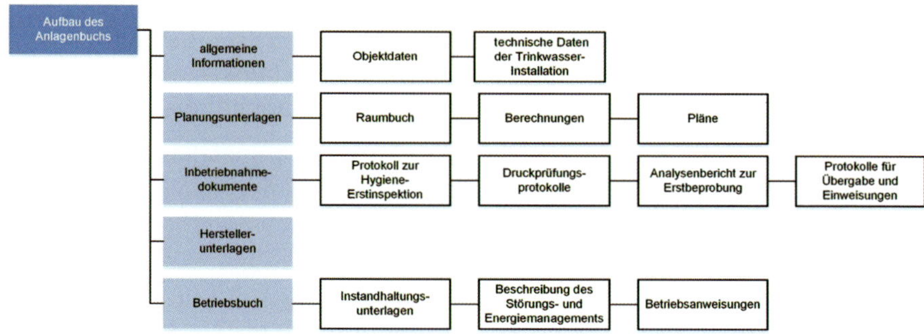

Bild 3: Schematischer Aufbau eines Anlagenbuchs nach VDI 3810 Blatt 2/ VDI 6023 Blatt 3 (Grafik VDI e. V.)

Inbetriebnahme der Trinkwasser-Installation dokumentiert. Konkrete Anforderungen an die vorzuhaltende Dokumentation finden sich sowohl im Anhang B der VDI/BTGA/ZVSHK 6023 Blatt 2 als auch ausführlich unter Punkt 5.1.2 der VDI 3810 Blatt 2/VDI 6023 Blatt 3.

Auch alle weiteren Ereignisse, die die Trinkwasserqualität beeinflussen können, sind im Anlagen- und Betriebsbuch zu dokumentieren und auf Verlangen dem Gesundheitsamt vorzulegen:

Verordnung über die Qualität von Wasser für den menschlichen Gebrauch (TrinkwV [10])

§ 13 Anzeigepflichten

(3) Der Unternehmer und der sonstige Inhaber einer Wasserversorgungsanlage nach § 3 Nummer 2 haben auf Verlangen dem Gesundheitsamt folgende Unterlagen vorzulegen:

1. technische Pläne einer bestehenden oder geplanten Wasserversorgungsanlage;

2. bei einer baulichen oder betriebstechnischen Änderung technische Pläne nur für den Teil der Anlage, der von der Änderung betroffen ist;

Bei Fehlen oder Unvollständigkeit der geforderten Unterlagen müssen diese vom Auftraggeber beschafft, erstellt oder in Auftrag gegeben werden. In welchem Genauigkeitsgrad dies erfolgen muss, ist von der zu untersuchenden Trinkwasser-Installation abhängig und bedarf einer spezifischen Betrachtung durch den Sachverständigen.

Fehlende Unterlagen sind jedoch ausdrücklich nicht im Rahmen der Gefährdungsanalyse zu erstellen, sondern das Fehlen ist lediglich hinsichtlich hygienischer/technischer Relevanz oder hinsichtlich Einschränkungen im bestimmungsgemäßen Betrieb zu bewerten. Dies gilt insbesondere auch für eine Neuberechnung der Rohrdimensionen.

Eine solche Berechnung ist jedoch unter Umständen eine Voraussetzung für diverse weitere Maßnahmen und sollte entsprechend im Rahmen der Handlungsempfehlungen angedacht werden.

Für den bestimmungsgemäßen Betrieb benötigt der Unternehmer oder sonstige Inhaber die grundlegende Dokumentation, eine Einweisung und die Instandhaltungsplanung. Fehlende Unterlagen sind vom Betreiber zu beschaffen, nötigenfalls im Rahmen einer systemorientierten Gefährdungsanalyse nach VDI/BTGA/ZVSHK 6023 Blatt 2 im Sinne einer Bestandsaufnahme. Auf Basis der Ergebnisse einer systemorientierten Gefährdungsanalyse können dann notwendige Instandsetzungen, technische Verbesserungen und eine Einweisung der Betreiber durchgeführt werden und die Installation kann dann im Sinne des § 17 Abs. 1 TrinkwV [10] bestimmungsgemäß betrieben wurden.

Ohne ein Raumbuch mit dem zur Planung erforderlichen Nutzungskonzept und ohne die grundlegenden Planungsunterlagen, aktuellen Installationspläne und -Schemata ist eine ordnungsgemäße Nutzung im Rahmen des bestimmungsgemäßen Betriebs nicht möglich oder zumindest wesentlich erschwert. Eine Trinkwasser-Installation ist jedoch ständig wie bei der Planung zugrunde gelegt zu betreiben (vgl. VDI 3810 Blatt 2/VDI 6023 Blatt 3). Ein von der ursprünglichen Planung ggf. abweichender, nicht bestimmungsgemäßer Betrieb beinhaltet unmittelbar ein Risiko auf nachteilige Veränderungen der Trinkwasserqualität durch Stagnation, Aufwärmung im PWC oder Auskühlung im PWH, die ggf. durch Spülmaßnahmen (simulierte Entnahme) kompensiert werden müssen. Werden Nutzer bzw. Haustechniker zudem nicht nachweislich eingewiesen (z. B. nach VDI/DVGW 6023 Kat. C [19]), Entnahmestellen nicht wie bei der Planung und Dimensionierung der Leitungen ursprünglich zugrunde gelegt betrieben oder wenn eine vollständige und aktuelle Betriebsanleitung der Trinkwasser-Installation fehlt, ist ein bestimmungsgemäßer Betrieb der Anlage kaum möglich. Durch Stagnationsbedingungen besteht dann die realistische Besorgnis einer chemischen und/oder mikrobiologischen Veränderung der Trinkwasserqualität mit einer hieraus resultierenden Gefährdung für die Nutzer.

Ein Instandhaltungs- oder Hygieneplan nach VDI 3810 Blatt 2/VDI 6023 Blatt 3 oder der bisher geltenden VDI/DVGW 6023 Blatt 1 [19] wurde in vielen Installationen leider nie erstellt; die notwendigen Maßnahmen der Instandhaltung werden dann ggf. mit erhöhtem Aufwand durch Hausmeister oder Hausverwaltungen organisiert und nur teilweise dokumentiert. Hieraus ergibt sich zwar keine unmittelbare Gefährdung für die Nutzer, doch besteht die Besorgnis, dass relevante vorbeugende Instandhaltungsmaßnahmen (Inspektion, Wartung, Instandsetzung) nicht regelmäßig in den vorgegebenen zeitlichen Abständen erfolgen oder instandhaltungsrelevante Bauteile (z. B. Sicherungs-, Sicherheits- oder Absperreinrichtungen) nur bei Bedarf instand gesetzt werden, wenn ein Verschleiß bereits eingetreten ist oder sich ein vermeidbarer Mangel mit nachteiligen Auswirkungen auf die Trinkwasserqualität, Nutzungseinschränkungen oder der Besorgnis einer Gesundheitsgefährdung offenbart. Wenn Instandhaltungs- und Sanierungsmaßnahmen jedoch nicht gewährleistet sind, kann durch deren Unterlassung ein Defekt durch Verschleiß und damit ein technischer Mangel eintreten, wodurch sich aufgrund von Mangelfolgeschäden ein Risiko auf nachteilige Veränderung der Trinkwasserqualität und damit eine mittelbare Gefährdung für Nutzer der Anlage ergibt.

5.5 Ortsbesichtigung zur Bestandsaufnahme

5.5 Ortsbesichtigung zur Bestandsaufnahme

Voraussetzung für eine Gefährdungsanalyse ist die Ortsbesichtigung einschließlich vollständiger Bestandsaufnahme (Überprüfung des Istzustands). Hierbei müssen auch bekannte, im bisherigen Lebenszyklus der Anlage durchgeführte Sanierungs- und Umbaumaßnahmen sowie Nutzungsänderungen oder Stilllegungen von Anlagenteilen beachtet werden. Die Ortsbesichtigung beinhaltet neben der Bestandsaufnahme die Überprüfung

– der vollständigen und aktuellen Bestandsdokumentation (siehe Abschnitt 5.4 und Anhang B),
– der Einhaltung der allgemein anerkannten Regeln der Technik (siehe Abschnitt 5.6),
– der Probennahmestellen, der Probennahmeberichte sowie der Analyseergebnisse,
– der Einhaltung des bestimmungsgemäßen Betriebs sowie
– der wichtigsten Betriebsparameter.

Ziel der Ortsbesichtigung ist die Ermittlung aller anlagenspezifischen Faktoren, von denen eine Gefährdung ausgehen kann (z. B. Temperaturen, Instandhaltungsmaßnahmen, Stagnationszeiten, Werkstoffe, Totleitungen, Toträume in Armaturen und Spalten). Der Detaillierungsgrad der Ortsbesichtigung wird durch die vorliegenden technischen Unterlagen und die Komplexität der Trinkwasser-Installation bestimmt. Die Ortsbesichtigung sollte an der Hausanschlussleitung des Trinkwassers (Hauptabsperreinrichtung) beginnen und dem Fließweg des Trinkwassers folgen. Alle Leitungen und Apparate (kalt und warm) sind zu überprüfen (z. B. in Technikräumen, Anlagen der Trinkwassererwärmung sowie Entnahmestellen). Der Zugang zu allen Bereichen der Trinkwasser-Installation, insbesondere zu endständigen Entnahmestellen und zu Technikzentralen muss gegeben sein. Erforderlichenfalls muss der Zugang zu verdeckten oder gedämmten Anlagenteilen hergestellt werden. Dies ist nötigenfalls vom Auftraggeber zu veranlassen.

Bei der Ortsbesichtigung sind stets alle vorliegenden mikrobiologischen Laborbefunde (besonders zu Legionellen) zu beachten. Die räumliche Verteilung von hoch belasteten Proben kann Hinweise auf versteckte technische Mängel liefern, die auf andere Art übersehen werden können (z. B. in der Wand versteckte Totleitungen).

Der Inspektionsbericht (ggf. ergänzt um die Checkliste nach Anhang C) enthält die allgemeinen Daten zum Objekt (Gebäudetyp und Nutzung, Auftraggeber/-nehmer) sowie die Teilnehmer, Zeitpunkt und Dauer der Ortsbesichtigung und alle erforderlichen Anmerkungen. Ferner sind die vorhandenen technischen Unterlagen sowie Angaben zur Ortsbesichtigung erfasst und dokumentiert.

Der Betreiber oder sein Vertreter soll an der Ortsbesichtigung teilnehmen. Empfehlenswert ist die Beteiligung von Personen, die mit der Trinkwasser-Installation vertraut sind, z. B. Planer, Installateur/Instandhalter, Objektbetreuer.

Auffälligkeiten sind zu erfassen und in geeigneter Art und Weise zu dokumentieren, z. B. durch Fotos, Skizzen oder Grafiken. Die entsprechenden Orte sind in der Gefährdungsanalyse eindeutig zu benennen und idealerweise in einem Grundriss und einem Strangschema zu vermerken.

Bewertung der Analysebefunde

Im Sinne der TrinkwV [10] sollen zum Gutachten zur Gefährdungsanalyse auch die Befunde der mikrobiologischen Untersuchungen und deren örtlicher Verteilung im System bewertet werden. Hierbei geht es darum, z. B. signifikante Häufungen zu ermitteln, die Hinweise auf eine Kontaminationsquelle geben. Handelt es sich bei den festgestellten Befunden beispielsweise um lokale Kontaminationen in einem bestimmten Bereich der Installation, kann das Rückschlüsse auf defekte oder falsch eingestellte Regelarmaturen geben. Oder handelt es sich um eine systemische Kontamination, bei der an unterschiedlichen Stellen und verschiedenen Strängen Belastungen analysiert wurden, was Hinweise auf einen unzureichenden hydraulischen Abgleich oder auf eine mangelhafte Installation geben kann, wenn sich beispielsweise Legionellen an endständigen Kaltwasserentnahmestellen zeigen.

Positive Befunde an zentralen Stellen der Installation, z. B. am Ausgang der Trinkwassererwärmung oder am Wiedereintritt der Zirkulation, können ebenso wichtige Hinweise auf technische Mängel geben, z. B. auf eine unzureichende Temperaturhaltung oder Durchmischung im Bereich der Trinkwassererwärmung, Nachtabschaltungen zur Energieeinsparung oder unzureichende Durchströmung des Zirkulationssystems usw.

Der Begriff „systemisch" verdeutlicht, dass es nicht um die Feststellung der Legionellenfreiheit an allen lokalen Entnahmestellen geht, sondern um die Überwachung der Trinkwasser-Installation in der Gesamtheit. Das Ziel ist, eine mögliche Kontamination mit Legionellen in Teilen der Trinkwasser-Installation festzustellen, die einen Einfluss auf eine größere Anzahl an Entnahmestellen haben kann, insbesondere in den zentralen Teilen der Trinkwasser-Installation wie Trinkwassererwärmungsanlagen, Verteilern, Steigsträngen oder Zirkulationsleitungen.

Grundsätzlich sollten jedoch auch die Analysebefunde kritisch ausgewertet werden, da ihnen oftmals wichtige Hinweise entnommen werden können oder sich Hinweise ergeben, dass die vorgelegten Befunde für eine systemische Bewertung des Systems vielleicht gar nicht ausreichend sind (zu wenige Probennahmestellen oder an falschen Stellen). Werden Probennahmestellen nicht vollständig oder nicht fachgerecht durch hygienisch-technisch kompetente Personen ausgewählt und festgelegt, besteht ein Risiko, dass mögliche Kontaminationen mit pathogenen Mikroorganismen unentdeckt bleiben oder falsch bewertet werden. In der Folge kann es zu Infektionen der Nutzer kommen, da entsprechende Maßnahmen zur Beseitigung der Gefährdung nicht ergriffen werden können.

Die TrinkwV [10] schreibt für eine systemische Untersuchung eine Probennahme gemäß DIN EN ISO 19458, Tabelle 1, Zweck b) vor. Bei der Probennahme nach DIN EN ISO 19458, Zweck b) wird der Einfluss der Entnahmearmatur so gering wie möglich gehalten, da die Probe die hygienischen Verhältnisse im Verteilungssystem des Gebäudes widerspiegeln soll.

Eine lokale Kontamination bezieht sich auf eine Verkeimung einer einzelnen Entnahmearmatur mit Legionellen (z. B. eines Duschkopfes oder eines Duschschlauchs). Der Einfluss einer lokalen Kontamination auf benachbarte Entnahmearmaturen oder Teile der Trinkwasser-Installation ist begrenzt. Darüber hinaus stehen lokale Kontaminationen im Gegensatz zu systemischen Kontaminationen in der Regel in engem Zusammenhang mit der individuellen Nutzung der beprobten Entnahmestelle. Bei infektionshygienischer Veranlassung, z.B. bei reaktiver Untersuchung zur Feststellung der Infektionsquelle nach Auftreten einer Legionelleninfektion oder nach einem Legionellenausbruch, kann auch eine Untersuchung zur Feststellung der Trinkwasserqualität an Entnahmestellen „so, wie das Wasser verwendet wird", notwendig sein. In diesem Fall ist eine Beprobung gemäß DIN EN ISO 19458, Tabelle 1, Zweck c) durchzuführen. Mit dieser Probennahmetechnik können lokale Kontaminationen an der untersuchten Entnahmearmatur festgestellt werden. Die Ergebnisse aus Untersuchungen nach Probennahme gemäß DIN EN ISO 19458, Tabelle 1, Zweck c) können nicht zur Umsetzung der Anforderungen gemäß § 14b TrinkwV [10] oder der Anforderungen gemäß DVGW-Arbeitsblatt W 551 verwendet oder bewertet werden.

Diese Untersuchungen nach Zweck c) gehen über die Untersuchung zur Feststellung einer systemischen Kontamination hinaus, sie können allerdings über § 19 Absatz 7 oder § 20 der TrinkwV [10] durch die Gesundheitsämter veranlasst werden bzw. im Rahmen von weitergehenden Untersuchungen erforderlich sein.

Der Unternehmer und der sonstige Inhaber einer Wasserversorgungsanlage haben die Untersuchungen nach § 14b TrinkwV [10] ausschließlich durch eine Untersuchungsstelle durchführen zu lassen, die nach § 15 Absatz 4 TrinkwV [10] zugelassen ist (akkreditiertes Labor). Ein Untersuchungsauftrag muss sich auch auf die jeweils dazugehörende Probennahme erstrecken. Externe Probennehmer müssen in das Qualitätsmanagementsystem des Labors eingebunden sein. Eine Zertifizierung des Probennehmers allein genügt nicht den Anforderungen der TrinkwV [10]. Die Durchführung der Probennahme und der Probentransport gehören zum Untersuchungsauftrag. Die Verantwortung für die Durchführung von Probennahme und Probentransport liegt bei der Laborleitung. Dies gilt auch im Hinblick auf die Unabhängigkeit und Unparteilichkeit der Probennehmer.

Im Beschluss des OLG München (Az. 18 U 3292/18 v. 11.03.2019) heißt es dazu:

„... Vielmehr empfiehlt Herr... den ‚Immobilienverantwortlichen' ausdrücklich, ‚einen Trinkwasserfachbetrieb mit der Wartung und Untersuchung seiner Installation zu beauftragen'. Diese Empfehlung des Prokuristen... bildet den Tatsachenkern, auf den die streitgegenständlichen Werturteile des Verfügungsbeklagten aufbauen. Sie steht unstreitig mit dem geltenden Recht nicht im Einklang, weil es ‚Trinkwasserfachbetrieben' spätestens seit der 4. Novelle zur Trinkwasserverordnung nicht mehr gestattet ist, Untersuchungen an Trinkwasser-Installationen nach der Trinkwasserverordnung durchzuführen."

Die Festlegung der Probennahmestellen in Bestandsgebäuden für orientierende Untersuchungen im Sinne des § 14b TrinkwV [10], insbesondere aber für weitergehende Untersuchungen/Nachuntersuchungen nach DVGW W 551 (A), für Inspektionen nach BetrSichV oder für Erstuntersuchungen nach Punkt 6.9.3 der VDI/DVGW 6023 [19], hat nicht durch den beauftragten Installateur oder durch den Probennehmer des Labors zu erfolgen, sondern soll ganz bewusst durch hygienisch-technisch kompetentes Personal getroffen werden mit Verweis auf die persönlichen Anforderungen an einen Sachverständigen nach der UBA-Empfehlung zur Gefährdungsanalyse.

Diese Vorgabe wurde durch das Umweltbundesamt getroffen, weil es bei der Festlegung der Probennahmestellen darauf ankommt, ein möglichst realistisches Bild über die Ausführung und den Wartungsstand einer Trinkwasser-Installation zu gewinnen. Oder anders ausgedrückt: Es kommt nicht darauf an, die Probennahmestellen möglichst so zu wählen, dass keine Legionellen gefunden werden, sondern es werden im Gegenteil bewusst die hygienischen Schwachstellen einer Installation kontrolliert, an denen eine Kontamination möglich oder wahrscheinlich ist. Dazu muss der Sachverständige, der die Auswahl der Probennahmestellen trifft, jedoch in der Lage sein, eine Trinkwasser-Installation nicht nur technisch, sondern auch hinsichtlich der mikrobiologischen Risiken beurteilen und interpretieren zu können. Allein ein Meisterbrief oder ein Ingenieur-Diplom reichen hierfür in der Regel nicht aus, sodass die thematische Vertiefung durch einschlägige Fortbildungen im Bereich Trinkwasserhygiene hier eine Notwendigkeit darstellt.

Die Probennahmestellen, die grundsätzlich für die Durchführung einer systemischen Untersuchung gemäß § 14b Trinkwasserverordnung notwendig sind, beschreibt das DVGW-Arbeitsblatt W 551 (A) unter Punkt 9.1 „orientierende Untersuchung". In jeder Trinkwasser-Installation sind im Rahmen der systemischen Untersuchung (entspricht einer orientierenden Untersuchung) am Abgang der Leitung für Trinkwasser (warm) vom Trinkwassererwärmer sowie am Wiedereintritt in den Trinkwassererwärmer (Zirkulationsleitung) Proben zu entnehmen. Zusätzlich sind Proben in der Peripherie zu entnehmen. Die Entnahmestellen für die Proben in der Peripherie sollen so gewählt werden, dass jeder Steigstrang erfasst wird. Dies bedeutet nicht, dass Proben aus allen Steigsträngen zu entnehmen sind. Voraussetzung für die Auswahl ist, dass die beprobten Steigstränge eine Aussage über die nicht beprobten Steigstränge zulassen (z. B. weil sie ähnlich gebaut sind, gleichartige Gebäudebereiche versorgen und gleich genutzt werden oder möglichst hydraulisch ungünstig liegen).

Der Sachverständige kann jedoch im Regelfall nicht mit ausreichender Genauigkeit beurteilen, welche Steigstränge tatsächlich durch die Bewohner und Nutzer gleich genutzt werden bzw. welche Steigstränge möglichst hydraulisch ungünstig durchströmt sind. Beispielsweise wird eine vierköpfige Familie in einem Mehrfamilienhaus den rechten Strang wahrscheinlich deutlich häufiger nutzen als eine alleinstehende ältere Dame den linken Strang. Zudem liegen nur selten aktuelle und vollständige Installationspläne und Schemata der Trinkwasser-Installation vor, was die Bewertung einer Gleichartigkeit der Stränge nahezu unmöglich macht. Kann vom Sachverständigen also nicht mit ausreichender Sicherheit bestimmt werden, welche Steigstränge gleichartig genutzt werden, und damit einen Rückschluss auf den hygienischen Zustand der nicht untersuchten Steigstränge gezogen werden, so sind Proben aus allen Steigsträngen zu entnehmen.

Bei Trinkwasser-Installationen mit wenigen Steigsträngen und komplexen horizontalen Verteilungen sind auch endständige Entnahmestellen am Ende der horizontalen Verteilungsleitungen zu berücksichtigen. Es wird empfohlen, dass mindestens alle Steigstränge mit einer Rücklauftemperatur < 55 °C in die Beprobung einbezogen werden. In diesen Fällen kann davon ausgegangen werden, dass hydraulisch ungünstige Verhältnisse oder andere technische Mängel vorliegen. Bei Trinkwasser-Installationen mit vielen Steigsträngen sind primär die Bereiche zu berücksichtigen, in denen es zur Vernebelung von Trinkwasser (z. B. beim Duschen oder an Küchenarmaturen) kommen kann.

Bei der Beprobung nur einer Auswahl von Steigsträngen ist die Repräsentativität dieser Probennahmestellen zu begründen.

Sind in einer überwachungspflichtigen Installation keine oder ungeeignete Probennahmeventile installiert, kann das Ergebnis der Trinkwasseranalyse beeinflusst werden, da eine ordnungsgemäße und reproduzierbare Probennahme nach den Vorgaben der DIN EN ISO 19458 ggf. nicht möglich oder unzulässig erschwert sein könnte.

Eine Probennahme zur systemischen Untersuchung unter ungewöhnlichen Bedingungen (z. B. Ausfall der Zirkulationspumpe bzw. Primärenergie, zu hohe Temperaturen im Trinkwassererwärmer, nach anlassbezogenen Spülmaßnahmen oder an ungenutzten Entnahmestellen) ist nicht zweckmäßig, da es sich hierbei nicht um den Normalbetrieb der Installation handelt und das Analyseergebnis dann keine systemische Aussage zulässt. Technische Maßnahmen, die auf der Grundlage unzureichender Probennahme oder Analyseergebnisse festgelegt werden, sind ggf. nicht zweckmäßig oder zielführend (z. B. thermische Desinfektion) und können Schäden bzw. technische Mängel an einer Installation noch vergrößern oder auch Risiken für die Nutzer erhöhen bzw. verschleiern.

Eine temporäre Erhöhung der Warmwasserspeichertemperatur, Spülungen oder eine Desinfektion der Trinkwasser-Installation vor der Probennahme widersprechen vorsätzlich dem Schutzzweck der Untersuchung nach TrinkwV [10]. Leer stehende Bereiche oder nicht genutzte Entnahmestellen sind für die systemische Untersuchung und deren Bewertung ebenfalls nicht repräsentativ und sind erst im Rahmen weitergehender Untersuchungen zu betrachten.

Dem Prüfbericht muss zu entnehmen sein, ob es sich um eine systemische (orientierende), eine weitergehende oder eine Nachuntersuchung gehandelt hat. Analysebefunde sollten auch grundsätzlich die Protokolle der Probennehmer beinhalten; nur so sind Besonderheiten bei der Probennahme festzustellen. Die Probennahme ist entsprechend zu dokumentieren und in den Prüfbericht aufzunehmen. Folgende Angaben sollen nach UBA-Empfehlung zu systemischen Untersuchungen von Trinkwasser-Installationen auf Legionellen zusätzlich zu den nach DIN EN ISO/IEC 17025 geforderten enthalten sein:

- Bezeichnung des Gebäudeteils (z. B. Bauabschnitt, Stockwerk/Etage, Funktionsbereich und Raum, wenn vorhanden eindeutige Raum-Nummer)
- Lokale Lage der Entnahmestelle (z. B. Strang-Nr., Verteiler, Waschtisch, Spüle, Wanne, Dusche)
- Art der Entnahmestelle (z. B. Entleerungsventil, Kugelhähne, Einhebel-Mischarmatur, Zweigriff-Mischarmatur, Armatur mit Verbrühungsschutz)
- Angaben zum Trinkwasser (z. B. erwärmtes Trinkwasser, gemischtes Trinkwasser, kaltes Trinkwasser)
- Ggf. betriebstechnische Besonderheiten während der Probennahme, wie z. B. der Ausfall oder die Zeitsteuerung der Zirkulationspumpe oder Primärenergie.

Mit der Probennahme im PWH sollten grundsätzlich zusätzlich die Temperaturen PWC an den endständigen Entnahmestellen im Sinne des Punkt 3.3 der DVGW Information „Wasser“ Nr. 90 festgestellt werden. Werden bei der orientierenden Untersuchung Überschreitungen der Temperatur PWC festgestellt (≥ 25 °C) sollten zusätzlich Proben auf den Parameter Legionella spec. aus dem Kaltwasser entnommen werden.

Vorbereitung der Ortsbesichtigung

Damit der Sachverständige alle wesentlichen Bereiche in Augenschein nehmen kann, ist selbstverständlich der uneingeschränkte Zutritt zu den relevanten Bereichen zu gewährleisten. Hier empfiehlt es sich, bereits bei der Terminvereinbarung sicherzustellen, dass zum Ortstermin ortskundige Begleitpersonen anwesend sind, die über Zutrittsrechte und -möglichkeiten verfügen (z. B. Schlüssel, Zutrittsrechte zu hygienesensiblen Bereichen). Auch die Nutzer und Bewohner müssen im Vorfeld über den anstehenden Termin informiert werden, da insbesondere die endständigen Bereiche der Trinkwasser-Installation zugänglich sein müssen, um ein aussagekräftiges Temperaturprofil durch Messungen an den ungünstigsten Entnahmestellen durchführen zu können. Mieter müssen also ggf. den Zugang zu den Wohnungen ermöglichen.

Hier sollte man auch erfragen, ob für den uneingeschränkten Zutritt PSA (persönliche Schutzausrüstung) erforderlich ist, z. B. Sicherheitsschuhe, Mundschutz, Schutzbrille, Gehörschutz usw.

Wesentliche Informationen zur Vorbereitung der Ortsbesichtigung lassen sich mit standardisierten Fragebögen bereits vor der Ortsbesichtigung (und im Optimalfall vor der Angebotserstellung) gewinnen. Ein einfacher, standardisierter Fragebogen hilft zudem dabei, die wesentlichen Informationen im Gutachten zu integrieren, z. B.:

- Anlagenbetreiber (UsI) mit Ansprechpartner
- Eigentümer mit Ansprechpartner
- Auftraggeber (Rechnungsanschrift) mit Ansprechpartner
- Zuständiger Haustechniker/Installateur
- Technischer Leiter/Hausmeister/Facility Manager
- Art des Objekts/Zweck der Einrichtung
- Anzahl + Beschreibung Gebäudeteile
- Baujahr der Gebäude
- Anzahl Etagen

- Anzahl Räume/Wohn-/Geschäftseinheiten insgesamt
- Anzahl der Hauswassereingänge
- Art, Anzahl und Volumen der Trinkwasser-Erwärmungsanlagen
- Anzahl der Steigestränge
- vorhandene Funktionsbereiche (z. B. Großküche, Restaurant, Bar, Schwimmbad, Wellnessbereich usw.)
- vorhandene Wasserbehandlungsanlagen
- Anzahl Bewohner/Mitarbeiter/Gäste/Nutzer ca.
- durchschnittliche Belegungsrate bzw. Anzahl Leerstände
- durchgeführte Umbauten, Umnutzungen, Stilllegungen oder Sanierungen der Trinkwasser-Installation
- Sind Erkrankungen bekannt, die im Zusammenhang mit der Nutzung von Trinkwasser entstanden sein könnten? (z. B. Lungenentzündung, Hauterkrankungen)
- Welcher Befund liegt vor, wie hoch ist der Befall und von wann ist der Befund?
- Welche Entnahmestellen/Anlagen/Bereiche sind betroffen?
- Liegen Vorbefunde vor?
- Wurde bereits eine weitergehende Untersuchung veranlasst?
- Wenn ja – durch wen wurden die Probennahmestellen festgelegt?
- Liegen die Original-Probennahme-Protokolle der Probennehmer vor?
- Wurde das Gesundheitsamt informiert?
- Wurden Bewohner/Nutzer informiert?
- Wurden Sofortmaßnahmen eingeleitet? Wenn ja – durch wen und welche?
- Auch relevante Dokumente kann man sich vor dem Ortstermin (soweit vorhanden) zusenden lassen, um einen ersten Eindruck und Überblick über die Liegenschaft zu bekommen:
  - aktuelle Analysebefunde der letzten 3 Jahre
  - Gebäudegrundrisse und Gebäudeschnitt
  - Installationspläne und Schemata der Trinkwasser-Installation
  - sonstige Dokumentationen (Raumbuch, Anlagenbuch, Betriebsbuch, Instandhaltungsplan, Instandhaltungs-/Wartungsverträge, Festlegung Probennahmestellen, Protokolle zur Inbetriebnahme, Hygieneerstinspektion, Druckprüfung, Erstinbetriebnahme, Spülungen usw.).

Relevante Angaben zur Historie des Gebäudes sind oft hilfreich, um zu bestimmen, welche Teile der Liegenschaft wann errichtet, erweitert, geändert bzw. stillgelegt wurden oder ob es in der Vergangenheit bereits Schäden an der Installation gab in Form von Rohrbrüchen oder Ähnlichem.

5.6 Überprüfung auf Einhaltung der allgemein anerkannten Regeln der Technik

5.6 Überprüfung auf Einhaltung der allgemein anerkannten Regeln der Technik

Geprüft wird die Einhaltung der allgemein anerkannten Regeln der Technik und der bestimmungsgemäßen Nutzung der Trinkwasser-Installation im Gebäude sowie wichtiger Betriebsparameter (insbesondere Temperaturen des warmen und kalten Trinkwassers an endständigen Entnahmestellen, in der Zirkulation und in der Trinkwassererwärmung).

Neben der Überprüfung der Trinkwasser-Installation auf den geforderten Wasseraustausch (bestimmungsgemäße Nutzung) ist ein Hauptaugenmerk auf den Aufbau, das Vorhandensein, den Zustand und die Einregulierung der einzelnen Komponenten der Trinkwasser-Installation zu richten sowie auf den Anschluss von Apparaten oder anderen Systemen.

Durchführung der Ortsbesichtigung

Bewährt hat sich bei der Ortsbesichtigung die Vorgehensweise „in Fließrichtung" des Trinkwassers, beginnend mit dem Hauswassereingang. Von hier aus folgt man dem Rohrleitungssystem, bewertet die verwendeten Materialien und die Eignung von Anlagenkomponenten, die Dimensionierung und ggf. Stagnationsbereiche in der Trinkwasser-Installation.

Sofern während der Ortsbesichtigung Hilfsmittel verwendet werden, beispielsweise bei der Ermittlung von Messergebnissen oder der Dokumentation von Mängeln, sollten diese Hilfsmittel im Gutachten benannt werden, um die Korrektheit der ermittelten Informationen darzustellen. Insbesondere bei Messgeräten zur Temperaturbestimmung sollten Hersteller, Typ und Messbereich mit Toleranzen angegeben werden sowie ggf. Angaben über Kalibrierung o.Ä. gemacht werden.

Sicherlich sind heutige Smartphones in der Lage, hochauflösende Bilder in brauchbarer Qualität zu liefern. Bei Ortsbesichtigungen empfiehlt es sich dennoch, geeignete Kameras mit verstellbaren Objektiven/Brennweiten zu nutzen, um sowohl Gesamtansichten einer Einbausituation als auch Details eines Typenschildes komfortabel aufnehmen zu können.

Um Einblick in Schächte oder Vormauerungen zu nehmen und bei sehr beengten Verhältnissen können einfache endoskopische Kameras sehr hilfreich sein, die man als Zubehör über USB-Kabel auch an gängigen Smartphones betreiben kann.

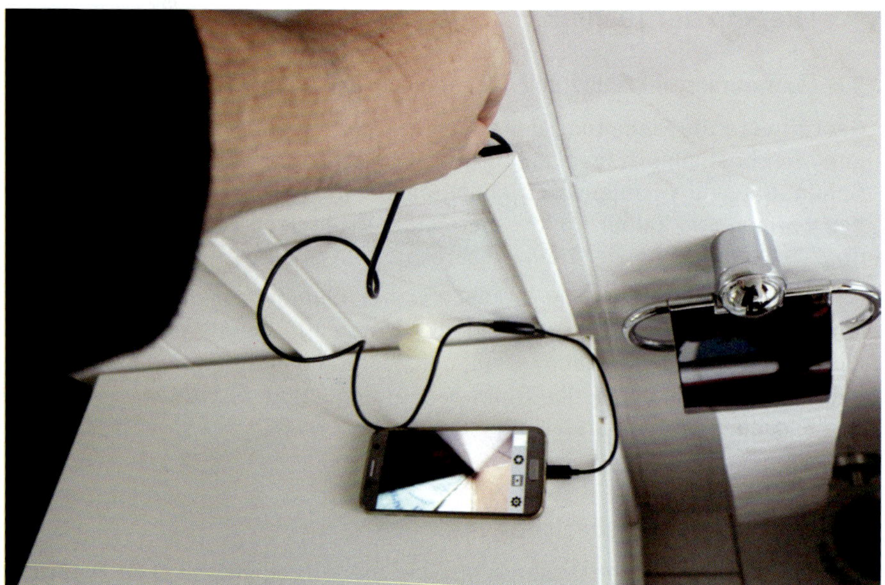

Bild 4: Beispiel für einen Endoskop-Aufsatz an einem Smartphone, der es dem Sachverständigen ermöglicht, auch in beengte Bereiche Einblick nehmen, Bilder oder Videos aufzeichnen zu können (eigenes Bild).

Prüfung der Installation

In der Kaltwasserzuführung zur Trinkwassererwärmungsanlage ist zu prüfen, ob beispielsweise geeignete Absperreinrichtungen installiert sind, ein prüfbarer Rückflussverhinderer vorhanden ist, und die Ausführung bzw. der Anschluss von Sicherheitsventilen und ggf. Ausdehnungsgefäßen. Anzahl, Art und Größe von Trinkwassererwärmern (Parallel- oder Reihenschaltung) im Zusammenhang mit der Anzahl der Nutzer sind zu bewerten, die Temperaturen der Trinkwassererwärmungsanlage sind festzustellen und auch die Zugänglichkeit von Anlagenteilen, insbesondere zu Instandhaltungszwecken, ist mitunter eine wichtige Information.

Eine mögliche Gliederung für die Ortsbesichtigung könnte beispielhaft wie folgt aussehen:

1. Aufbau und Ausführung Hauswassereingang
2. Ausführung, Dämmung und Dimensionierung des Rohrleitungssystems
3. konstruktive und funktionale Stagnation in wenig oder ungenutzten Gebäudebereichen
4. Ausführung und Dimensionierung von Trinkwassererwärmungsanlagen mit Kaltwasserzuführung
5. Zirkulation und Temperaturverteilung PWH, PWH-C und PWC im System
6. Kennzeichnung und Zugänglichkeit von Anlagenteilen
7. Eignung der Anlagenteile (Prüfzeichen)
8. Anlagen zur Wasserbehandlung, Wasseraufbereitung
9. Verbindung zu Feuerlösch-, Heizungs- und anderen Nichttrinkwassersystemen
10. Angaben zu regelmäßigen Wartungen (Betriebsbuch) und zur Instandhaltungsplanung

Festgestellte Mängel sind ggf. in einem Inspektionsbericht festzuhalten, in geeigneter Art und Weise zu dokumentieren, vorzugsweise durch Protokolle von Datenloggern, eindeutige Bilder und ggf. durch zusätzliche Markierungen im Bild.

Alle Leitungen und Apparate (kalt und warm) sind zu überprüfen (z. B. in Technikräumen, Anlagen der Trinkwassererwärmung, Anlagen zur Wasserbehandlung, Regulierventile sowie Entnahmestellen).

5.6.1 Hausanschluss

> **5.6.1 Hausanschluss**
>
> Geprüft werden Vollständigkeit, Eignung und Instandhaltungszustand der notwendigen Komponenten.

Der Punkt „Hausanschluss“, der in der Richtlinie relativ kurz abgehandelt wird, erweist sich in der Realität oftmals als einer der umfangreichsten Bewertungspunkte mit einer Vielzahl an möglichen Mängeln, die eine Gesundheitsgefährdung darstellen können.

Gemäß DIN 1988-200 Punkt 11.3 [26] besteht der Hauswassereingang beispielsweise – in Fließrichtung gesehen – aus:

- Absperrarmatur (ggf. Hauptabsperreinrichtung),
- ggf. Rohrstück als Vorlaufstrecke,
- Wasserzähleinrichtung,
- ggf. längenveränderliches Ein- und Ausbaustück,
- Absperrarmatur,
- prüfbarer Rückflussverhinderer Typ EA gem. DIN EN 1717 [23],
- Filter,
- ggf. Druckminderer.

Gemäß § 12 der Verordnung über allgemeine Bedingungen für die Versorgung mit Wasser (AVBWasserV) [9] sind Anlage und Verbrauchseinrichtungen so zu betreiben, dass Störungen anderer Kunden, störende Rückwirkungen auf Einrichtungen des Wasserversorgungsunternehmens oder Dritte oder Rückwirkungen auf die Güte des Trinkwassers ausgeschlossen sind. Die Norm DIN 1988 Teil 200 legt ergänzend hierzu im Punkt 3.1.2 fest: „Trinkwasser-Installationen dürfen keine negativen Rückwirkungen auf die öffentliche Trinkwasserversorgung, z. B. in Form von Verunreinigungen oder Druckstößen, hervorrufen". Gemäß Punkt 3.2.1, Bild 1 der DIN 1988-200 [26] ist unmittelbar hinter der Wasserzählanlage an der Übergabestelle der öffentlichen Wasserversorgung in die Haus- oder Grundstücksinstallation mindestens ein prüfbarer Rückflussverhinderer Familie E Typ A gem. DIN EN 1717 [23] zu installieren.

Ohne geeignete Absperr- und Sicherungseinrichtung (Rückflussverhinderer) als Bestandteil der Wasserzählanlage oder der Hauswassereinführung im Gebäude könnten nachteilige Rückwirkungen auf die Trinkwasserqualität aus der angeschlossenen Hausinstallation auf die Versorgungssysteme des Wasserversorgers oder die Verteilsysteme der Liegenschaft nicht ausgeschlossen werden. Die Entlastungsöffnung des Rückflussverhinderers muss nach unten zeigen, um bei der Prüfung den ungehinderten Austritt von Tropfwasser zu gewährleisten. Bei einer falschen Installation ist eine ordnungsgemäße Prüfung auf Funktion der Sicherungseinrichtung nicht gegeben.

DIN 1988-200 [26] definiert weiter in Punkt 12.3.1 „Eine Trinkwasserbehandlung, wie mechanische Filterung, schützt gegen partikelinduzierte Lochkorrosion". Mechanische Filter gem. DIN EN 13443-1 [50] am Hauswassereingang sind bei allen Leitungswerkstoffen erforderlich.

Feststoffpartikel, ohne Berücksichtigung ihrer Natur oder ihres Ursprungs, lagern sich in den Trinkwasserleitungen ab. Sie können dadurch in den Rohren unterschiedlich belüftete Bereiche erzeugen, bei denen das mit der Ablagerung bedeckte Metall als Anode wirkt. Ablagerungen können ebenso das Wachstum von Mikroorganismen begünstigen. Beide Erscheinungen können Korrosion hervorrufen, die unerkannt bleibt und zur Rohrperforation führen kann. Feststoffpartikel können ebenso zu Funktionsstörungen angeschlossener Armaturen und Apparate führen. Geeignete Filter schützen die Trinkwasser-Installation vor dem Eindringen von Feststoffpartikeln. Bei unsachgemäßem Betrieb, Verwendung falscher Maschenweiten oder unzulänglicher Instandhaltung des Filters kann es dann zu Biofilmbildung auf der Filteroberfläche kommen und zu einem Durchwachsen von Mikroorganismen auf die Reinwasser-Seite des Filterelements. Ein unzureichender Instandhaltungszustand von Filtern und Schmutzfängern kann ggf. zu hygienischen Problemen durch die Vermehrung von Mikroorganismen und Fehlfunktionen führen.

Sind in der gemeinsamen Zuleitung zu einer Löschwasser- und Trinkwasserversorgung aber Filter oder Schmutzfänger mit Maschenweite < 1 mm installiert, besteht die Gefahr, dass sich die durch eine Großwasserentnahme im Brandfall mobilisierten Partikel auf dem Filterelement absetzen, den Durchfluss behindern und damit zu einer Unterbrechung der Löschwasserversorgung führen.

Eine direkte Verbindung von Trinkwasser und Nichttrinkwasser (Abwasserleitungen) stellt dabei ein hohes hygienisches Risiko dar und verstößt gegen § 17 Abs. 6 TrinkwV [10], da hier entgegen DIN EN 1717 [23] i.V.m. DIN 1988-100 eine direkte Verbindung zwischen Trinkwasser und Nichttrinkwasser hergestellt wird. Spülabgänge an Filtern und Tropfwasseranschlüsse von Sicherheitsventilen oder Systemtrennern usw. dürfen nur mittelbar über einen freien Ablauf über einem Entwässerungsgegenstand abgeleitet werden, da es ansonsten bei Verstopfung oder Rückstau in der Abwasserleitung zu einer retrograden Verunreinigung der Trinkwasser-Installation durch Abwasser kommen kann.

Werden Druckminderer falsch bemessen oder installiert, oder nicht instandgehalten, kann sich der Druck in der nachfolgenden Trinkwasserleitung unzulässig verändern, was zu Fehlfunktionen der darin enthaltenen Einbauteile führen kann.

Werden Druckerhöhungsanlagen eingesetzt, müssen diese, außer bei Kleinobjekten, nach DIN 1988-500 mindestens mit einer Reservepumpe ausgestattet sein. Es darf keine Erwärmung über 25 °C durch die Druckerhöhungsanlage erfolgen, hierzu muss auch der Aufstellungsort berücksichtigt werden. Bei drehzahlgeregelten Pumpen sind keine Schaltdruckgefäße erforderlich, Druckbehälter mit kleinem Volumen können für Kleinstentnahmen und temperaturbedingte Volumenänderungen erforderlich sein. Nach Kapitel 4.9.3 DIN 1988-500 müssen Druckbehälter DIN 4807-5 entsprechen, also z.B. dauerhaft durchströmt sein und die Trinkwassereignung z.B. durch ein DVGW-Zertifikat nachweisen. Aus VDI/DVGW 6023 Punkt 6.1 [19] ergibt sich ebenso, dass nicht durchströmte Apparate unzulässig sind. Es dürfen nur Apparate für die Trinkwasser-Installation verwendet werden, die zwangsweise durchströmt werden.

Der durch das Ein- und Ausschalten jeder Pumpe oder Armatur der Druckerhöhungsanlage erzeugte maximale Unterschied der Fließgeschwindigkeit in der Anschluss- bzw. Zuleitung zur Druckerhöhungsanlage darf 0,15 m/s, beim Ausfall aller Betriebspumpen, z.B. durch Stromausfall, 0,5 m/s nicht übersteigen. Die Begrenzung der Fließgeschwindigkeit wird erforderlich, um die Versorgung benachbarter Verbraucher wegen zu hohem Druckabfall nicht unzumutbar zu stören und um unzulässige Druckstöße in der Anschlussleitung sowie den Leitungen der zentralen Wasserversorgung zu vermeiden.

Gemäß DIN EN 806 Teil 2 Punkt 3.2.1 sind Trinkwasser-Installationen so zu planen, dass geringe Entnahmearmaturendurchflüsse und stagnierendes Wasser vermieden werden. Sind Trinkwasserleitungen größer dimensioniert als nach tatsächlichem Trinkwasserspitzenvolumen notwendig, z.B. zur Löschwasserversorgung, besteht die Besorgnis einer unzulässigen Stagnation in der gemeinsamen Zuleitung durch unzureichenden Wasseraustausch im normalen Betrieb und damit einhergehend zu geringer Strömungsgeschwindigkeiten. Diese geringen Strömungsgeschwindigkeiten begünstigen eine Sedimentation von Partikeln am Boden der Leitungen (6-Uhr-Position) und eine Bildung von Ablagerungen und Biofilm an den Rohrwandungen. Sedimente, Ablagerungen und Biofilm bilden den hauptsächlichen Lebensraum für Mikroorganismen, die von hier immer wieder in das Wasser eingetragen werden können. Insbesondere bei Druckschwankungen oder plötzlichen hohen Entnahmen werden Biofilme ggf. abgeschert und Sediment aufgewirbelt, was einerseits zu Verfärbungen und Trübungen im Trinkwasser führen kann und zum anderen zu einem erhöhten Eintrag von Mikroorganismen aus dem Habitat.

In bestimmten Fällen kann gem. DIN 1988-600 der Löschwasserbedarf für den Objektschutz aus der Trinkwasserversorgung gedeckt werden. Feuerlösch- und Brandschutzanlagen in Grundstücken und Gebäuden dienen dem Objektschutz. Für die Bereitstellung von Löschwasser aus dem Trinkwassernetz ist in jedem Einzelfall die Zustimmung des Wasserversorgungsunternehmens einzuholen. Abstriche bei der Aufrechterhaltung der Trinkwasserhygiene können dabei jedoch nicht akzeptiert werden; in diesen Fällen müssen andere Lösungen für die Löschwasserversorgung gefunden werden.

Wird Trinkwasser als Löschwasser für ein Grundstück zur Verfügung gestellt, müssen gem. Punkt 4.1.3 der DIN 1988-600 die Löschwasser- und die Verbrauchsleitung durch eine gemeinsame Anschlussleitung versorgt werden.

Ist in der Trinkwasser-Zuleitung zu Brandschutzeinrichtungen (LWÜ) die Installation von Armaturen vorgesehen, so müssen diese gem. Punkt 4.2 der DIN 1988-600 so beschaffen sein, dass von ihnen keine Beeinträchtigung der Brandschutzeinrichtung ausgehen kann. Mechanisch wirkende Filter dürfen nicht in der gemeinsamen Zuleitung von Trinkwasser-Installation und Feuerlösch- und Brandschutzanlage eingebaut werden, sondern sind im Abzweig zur Trinkwasser-Installation einzusetzen. In der Leitung zur LWÜ dürfen ggf. nur Steinfänger mit einer Maschenweite von mindestens 1,0 mm verwendet und betrieben werden. Im Leitungsweg des Löschwassers sind alle Absperreinrichtungen zu kennzeichnen und gegen unbefugtes Schließen zu sichern.

Bei längerem Aufenthalt in stagnierenden Leitungen (z. B. Feuerlöschanlage, Umgehungsleitungen) kann die Trinkwasserbeschaffenheit durch in Lösung gehende Werk- und Betriebsstoffe sowie durch Vermehrung von Mikroorganismen beeinträchtigt werden. Durch ungedämmte und teilweise stagnierende Leitungen unter Wärmelasten aus der Umgebung besteht zudem die Besorgnis einer mikrobiologischen Verkeimung.

Nach VDI 2050-2 Punkt 5.3. muss die Hausanschlussleitung frostfrei gehalten werden. Trinkwasserleitungen in Hausanschlussräumen sind so zu installieren und zu betreiben (z. B. ausreichender Wasseraustausch), dass die Temperatur des Trinkwassers (kalt) 25 °C nicht überschreiten kann. Wärmequellen und Raumtemperaturen in Technikzentralen dürfen das Trinkwasser (kalt) auch unter Beachtung von Stagnationszeiten nicht auf eine Temperatur > 25 °C erwärmen. Um aus hygienischen Gründen eine Erwärmung des Trinkwassers (kalt) zu verhindern, sind auch gem. DIN 18012 ständige Umgebungstemperaturen über 25 °C zu vermeiden.

Aufgrund hoher Umgebungstemperaturen bereits am Hauswassereingang bzw. der Technikzentrale kann sich Kaltwasser (PWC) bei Nicht-Nutzung (z. B. nachts) in ungedämmten Abschnitten über die maximal zulässige Kaltwasser-Temperatur von 25 °C erhöhen. Eine erhöhte PWC-Temperatur durch Wärmelasten aus der Umgebung bereits in Technikzentralen oder auch durch jahreszeitbedingt erhöht gelieferte Wassertemperaturen durch den Wasserversorger, kann gleichzeitig auch Temperaturerhöhungen im Verlauf der häuslichen Trinkwasser-Installation verstärken, sodass das Risiko erhöhter Medientemperaturen > 25 °C nicht nur dort, sondern insbesondere an den endständigen Entnahmestellen steigt. Diese unzulässige Erwärmung bietet dann ideale Vermehrungsbedingungen für pathogene Mikroorganismen wie z. B. Legionellen oder Pseudomonas aeruginosa.

Auch die verwendeten Materialien, der Zustand der Dämmung von Leitungen, Bauteilen und Armaturen sind ebenso zu bewerten wie der Instandhaltungszustand der installierten Komponenten. Eventuell vorhandene Wasserbehandlungsanlagen am Hauswassereingang, die Dimensionierung und Ausführung eventuell vorhandener Trinkwasser-Verteiler samt Armaturen und Dämmung oder ggf. vorhandene stagnierende Bypass- und Umgehungsleitungen bieten vielfältige Gefährdungsmöglichkeiten, wenn die jeweils relevanten technischen Regelwerke nicht eingehalten werden.

5.6.2 Rohrleitungssystem und Dämmung

5.6.2 Rohrleitungssystem und Dämmung

Die verwendeten Rohrleitungsmaterialien und der Zustand der Dämmung müssen hinsichtlich ihrer Eignung (z. B. Korrosion, Materialalterung) erfasst werden und es müssen erkennbare Schwachstellen angemessen kontrolliert werden. Die Überprüfung umfasst alle Temperaturbereiche (PWC, PWH, PWH-C), alle Rohrleitungen, Armaturen und Apparate. Siehe hierzu auch DIN 1988-200, Abschnitt 14.2.

Bei der Bewertung der verwendeten Leitungsmaterialien empfiehlt es sich, entweder durch den Auftraggeber oder selbst die jeweils aktuelle Wasseranalyse des vor Ort verteilten Trinkwassers zu beschaffen. In der Regel werden diese Informationen vom Wasserversorger online zur Verfügung gestellt.

Mitunter ändert sich die Beschaffenheit des Trinkwassers nämlich, weil der Wasserversorger z. B. neue Brunnen erschließt oder sein Trinkwasser mit Wasser aus anderen Versorgungsgebieten mischt, sodass die zum Zeitpunkt der Errichtung eventuell noch geeigneten Materialien heute nicht mehr der angelieferten Wasserqualität entsprechen. Das betrifft insbesondere Leitungen aus Kupfer und schmelztauchverzinkte Eisenwerkstoffe, Kunststoffmaterialien und Leitungen aus Edelstahl sind hiervon weniger betroffen.

Nach § 17 TrinkwV [10] dürfen für die Neuerrichtung oder Instandhaltung von Anlagen für die Gewinnung, Aufbereitung oder Verteilung von Trinkwasser nur Materialien und Werkstoffe eingesetzt werden, die ausdrücklich für Trinkwasser geeignet sind. Sie dürfen das Wasser nicht nachteilig verändern, den Geruch oder Geschmack des Wassers verändern oder Stoffe in vermeidbaren Konzentrationen ans Trinkwasser abgeben.

Die jeweils aktuelle Bewertungsgrundlage des Umweltbundesamtes enthält dazu eine Auflistung von Werkstoffen, die nach eingehender Prüfung für Trinkwasser-Installationen geeignet sind und nachweislich keinen negativen

Einfluss auf die Qualität des Trinkwassers haben. Mit Ablauf der zweijährigen Übergangsfrist dürfen seit dem 10. April 2017 nur noch Bauteile oder Armaturen eingebaut werden, die den zugelassenen Werkstoffen entsprechen. Dabei spielt es keine Rolle, ob es sich um Neuinstallationen oder Instandhaltungsmaßnahmen von Anlagen zur Gewinnung, Aufbereitung oder Verteilung von Trinkwasser handelt.

Werkstoffe und Materialien, die für die Neuerrichtung oder Instandhaltung von Anlagen für die Gewinnung, Aufbereitung oder Verteilung von Trinkwasser verwendet werden und Kontakt mit Trinkwasser haben, dürfen nach § 17 Abs. 2 Satz 1 der Trinkwasserverordnung (TrinkwV [10])

- nicht den nach der TrinkwV [10] vorgesehenen Schutz der menschlichen Gesundheit unmittelbar oder mittelbar mindern,
- den Geruch oder den Geschmack des Wassers nachteilig verändern oder
- Stoffe in Mengen ins Trinkwasser abgeben, die größer sind, als dies bei Einhaltung der allgemein anerkannten Regeln der Technik unvermeidbar ist.

Die mit Trinkwasser in Kontakt kommenden Werkstoffe und Materialien müssen hygienisch unbedenklich sein und dürfen die in der TrinkwV [10] festgelegte Qualität des Trinkwassers nicht beeinträchtigen. Sie dürfen Stoffe nicht in solchen Konzentrationen an das Trinkwasser abgeben, die höher sind als nach den allgemein anerkannten Regeln der Technik unvermeidbar oder die den in der TrinkwV [10] vorgesehenen Schutz der menschlichen Gesundheit unmittelbar oder mittelbar mindern oder den Geruch oder den Geschmack des Trinkwassers beeinflussen. Organische Materialien müssen den jeweils aktuellen Leitlinien des Umweltbundesamtes zur hygienischen Beurteilung von Materialien im Kontakt mit Trinkwasser, Gummi aus Natur- und Synthesekautschuk entsprechen. Zusätzlich müssen die mikrobiologischen Anforderungen in DVGW W 270 (A) erfüllt sein. Metallene Werkstoffe müssen den Anforderungen nach DIN 50930-6 [34] entsprechen.

Kupferrohre können nicht für alle Trinkwässer in Deutschland eingesetzt werden. Bei Trinkwässern, die folgende Bedingungen zusätzlich zu den Anforderungen der TrinkwV [10] erfüllen, ist in der Regel davon auszugehen, dass sofort oder nach einer gewissen Zeit (spätestens ab der 16. Woche) nach Neuinstallation bei bestimmungsgemäßem Betrieb der Kupfergrenzwert der TrinkwV [10] eingehalten wird:

$pH \geq 7{,}4$

oder

$7{,}0 \leq pH < 7{,}4$ und zusätzlich $TOC \leq 1{,}5$ mg/l.

Sollten für ein bestimmtes Versorgungsgebiet spezifische Untersuchungsergebnisse zur Kupferabgabe oder Empfehlungen des Versorgers vorliegen, sind diese Informationen bei der Werkstoffauswahl zu berücksichtigen. Eine CU-Rohrverbindung kann durch Hartlöten im Bereich der Trinkwasser-Installation bei Dimensionen < 22 mm zu Korrosion und Lochfraß in den Leitungen führen.

Wenn Kupferleitungen mit einem pH-Wert < 7,0/7,4 betrieben werden, erhöht sich das Risiko einer unzulässig hohen Abgabe von Kupfer in das Trinkwasser, und damit einhergehend einer Überschreitung der nach TrinkwV [10] vorgegebenen Grenzwerte für Kupfer im Trinkwasser.

Schmelztauchverzinkte Eisenwerkstoffe können nur für Kaltwasser-Installationen verwendet werden. Zudem ist eine Verwendung nur mit Trinkwässern möglich, deren Beschaffenheit folgender Anforderung genügt:

KB 8,2 ≤ 0,20 mmol/l

und für die der Neutralsalzquotient (S1) nach DIN EN 12502-3 < 1 beträgt.

Insbesondere zu Anlagen aus schmelztauchverzinkten Eisenwerkstoffen besagt die UBA-Bewertungsgrundlage für metallene Werkstoffe im Kontakt mit Trinkwasser (Metall-Bewertungsgrundlage vom 19.01.2016, Umweltbundesamt, BAnz AT 28.01.2016 B6) jedoch:

> „Wird im Rahmen der Instandhaltung von bestehenden Altanlagen lediglich der Austausch einzelner Teile eines Produktes erforderlich und ist das benötigte Bauteil aus einem Werkstoff gefertigt, der nicht auf der Positivliste der trinkwasserhygienisch geeigneten metallenen Werkstoffe aufgeführt ist oder aufgrund der örtlichen Wasserbeschaffenheit nicht verwendet werden dürfte, gleichwohl aber nachweisbar keine Beeinträchtigung der Trinkwasserqualität verursacht, so ist ein Austausch der gesamten Anlage nicht erforderlich. Der Austausch der gesamten Anlage würde eine unbillige Härte für den Unternehmer und sonstigen Inhaber der Altanlage darstellen und wäre unverhältnismäßig. Ein möglicher Nachweis, dass keine Beeinträchtigung der Trinkwasserqualität verursacht wird, kann z.B. mit einer gestaffelten Stagnationsbeprobung nach der UBA-Empfehlung ‚Beurteilung der Trinkwasserqualität hinsichtlich der Parameter Blei, Kupfer und Nickel‘ erbracht werden.“

DIN 50930 Teil 6 [34] beschreibt unter Punkt 6.5, dass die korrosionsschützende Wirkung des Zinküberzugs auf Rohren von unlegierten Eisenwerkstoffen im Wesentlichen auf dem langsamen gleichmäßigen Flächenabtrag des Zinküberzugs beruht, wobei sich schützende Deckschichten aus Korrosionsprodukten bilden sollen. Bei unvollständiger Ausbildung der Deckschicht (z. B. bei fehlendem Filter oder unpassender Wasserqualität) kann es nach Abtrag des Reinzinküberzugs zu einem erhöhten Eintrag von Eisen-Korrosionsprodukten aus den Eisen-Zink-Legierungsphasen bzw. dem Grundwerkstoff in das Trinkwasser kommen.

Korrosion in schmelztauchverzinkten Trinkwasserleitungen kann unabhängig davon, ob es zu einer unmittelbaren Verfärbung des Wassers kommt, zur Bildung von Ablagerungen und Inkrustierungen führen. Diese können sich auch durch Ausfällungen im Warmwasserbereich oder das Einspülen von Feststoffpartikeln (z. B. Rostpartikel) aus dem Versorgungsnetz bilden. Sind Ablagerungen vorhanden, besteht das Risiko, dass diese bei erhöhten Entnahmen (Spülungen) mobilisiert werden und es als Folge zu einer Verfärbung oder Trübung des Wassers kommt. Zudem begünstigen Ablagerungen die Vermehrung von Mikroorganismen, wodurch es zu mikrobiellen Beeinträchtigungen kommen kann.

Raue Rohrinnenoberflächen, ggf. noch verstärkt durch Korrosionsprodukte und Inkrustierungen, bilden dann ideale Keimbrutstätten, besonders für Legionellen, die in den entstehenden Nischen und Spalten der Ablagerungen gegen die meisten Desinfektionsmethoden geschützt sind.

Neben den Materialien sind jedoch auch die Installationsart (horizontale Kellerverteilung mit vertikalen Strängen oder eine horizontale Verteilung in den Etagen mit wenigen Strängen, T-Stück-, Durchschleif- oder Durchschleif-Ringinstallation mit und ohne Sonderbauteile wie Strömungsteiler oder Venturi-Düsen) zu beurteilen, die Abstände der Leitungen zueinander, die Anbindung der rückführenden Zirkulationsleitungen, die Ausführung der Dämmung u.v.m.

Gemäß VDI/DVGW 6023 Punkt 6.2.3 [1] müssen Installationsschächte für Trinkwasserleitungen (kalt) nämlich so geplant und gebaut werden, dass eine Trinkwassertemperatur von 25 °C (Empfehlung: nicht über 20 °C) nicht überschritten wird. Trinkwasserleitungen (kalt) müssen daher so geplant und gebaut werden, dass sie zu warmgehenden Leitungen thermisch entkoppelt sind. Falls notwendig ist eine räumliche Trennung durchzuführen. Der technische Report „Legionella" des europäischen Normungsinstituts (CEN/TR 16355) definiert unter D.3, dass wenn Rohrleitungen in Wänden parallel zu Leitungen für den Transport von Warmwasser (Zentralheizungsanlage oder Warmwasserzirkulationssystem) verlaufen, die Trinkwasserleitung (kalt) vom Einfluss beliebiger Wärmequellen ferngehalten werden sollte. Die Mindestabstände zwischen den Leitungen sollten 125 mm bzw. 200 mm betragen.

Werden kalt- und warmwasserführende Leitungen mit zu geringen Abständen zueinander oder Kaltwasserleitungen unter zu hohen Umgebungstemperaturen installiert, erhöht sich das Risiko einer unzulässigen Kaltwasser-Erwärmung mit der Folge eines möglichen mikrobiologischen Wachstums.

Ohne eine ausreichende Dämmung der Leitungen für PWH/PWH-C kann es zu erhöhten Temperaturverlusten im Medium kommen, was insbesondere in endständigen Bereichen ein mikrobiologisches Wachstum ebenso fördern kann. Ohne eine ausreichende Dämmung des Kaltwassers (PWC) nach den a. a. R. d. T. und einem ausreichenden räumlichen Abstand zu warmgehenden Leitungen kann es innerhalb weniger Stunden zu Aufwärmungen aus der Umgebung oder zu einem Wärmeeintrag durch Strahlungswärme kommen, insbesondere in Vorwänden und Schächten. Durch den Wärmeeintrag wird ein mikrobiologisches Wachstum auch im PWC begünstigt.

Gemäß DIN 1988-200 [26] Punkt 3.2.2 hat die Planung und Installation so zu erfolgen, dass bei bestimmungsgemäßem Betrieb ein für die Hygiene ausreichender Wasseraustausch stattfindet. Überdimensionierungen sind gem. VDI/DVGW 6023 [19] sowohl bei Trinkwasserleitungen als auch bei Trinkwasserspeichern und -apparaten zu vermeiden. Auch gemäß DIN 1988-300 ist das Ziel der Dimensionierung von Kalt- und Warmwasserleitungen, bei Spitzenbelastung des Systems bei den kleinstmöglichen Innendurchmessern zur Vermeidung von Stagnation den Mindestdurchfluss an allen Entnahmestellen sicherzustellen.

Im Laufe eines „Gebäudelebens" ändert sich die Nutzung, die Belegung oder das Verhalten der Gebäudenutzer. Die tatsächlichen Entnahmehäufigkeiten und -volumina können dann in Teilbereichen der Trinkwasser-Installation oder auch im gesamten Gebäude oft stark von den ursprünglich geplanten Werten abweichen. Vorhandene Leitungen sind dann überdimensioniert und ein bestimmungsgemäßer Betrieb mit vollständigem Wasseraustausch wäre nicht mehr zu gewährleisten. Sind Rohrleitungen überdimensioniert, kommt es zu verminderter Fließgeschwindigkeit und mangelhaftem Wasseraustausch. Hygienische Mängel sowohl im Trinkwasser-kalt (PWC) als auch im Trinkwasser-warm (PWH) können dann die Folge sein. Diese Stagnationserscheinungen unterstützen zudem die Bildung von Biofilm und mikrobiologisches Wachstum in den Rohrleitungen.

5.6.3 Stagnation

5.6.3 Stagnation

Zu prüfen ist auf nicht gewährleisteten oder mangelhaften Wasseraustausch aufgrund situationsgegebener baulicher Ausführung und/oder nicht bestimmungsgemäßen Betriebs (z.B. unvollständig geöffnete Eckventile, Einsatz von nachträglich installierten Wassersparvorrichtungen).

In Trinkwasser-Installationen kann es zu konstruktiven Stagnationsbereichen kommen, wenn beispielsweise nicht mehr genutzte Entnahmestellen durch Stopfen verschlossen werden. Weit häufiger findet sich jedoch die funktionale Stagnation, bei der am Ende von Leitungen Entnahmearmaturen zwar vorhanden sind, die jedoch einfach nicht genutzt werden. Darüber hinaus wird auch mitunter eine betriebsbedingte Stagnation zum Problem, wenn beispielsweise Zirkulationspumpen zur Nachtabsenkung abgeschaltet werden, sodass über einen Zeitraum von mehreren Stunden keine Durchströmung der Leitungen gegeben ist.

Gemäß DIN EN 806 Teil 2 Punkt 3.2.1 sind Trinkwasser-Installationen so zu planen, dass stagnierendes Wasser vermieden wird, und gemäß VDI/DVGW 6023 Blatt 1 [19] sind nicht durchströmte Leitungen (z.B. Bypass-Leitungen, „Totleitungen“, Reserveleitungen usw.) oder Apparate grundsätzlich nicht zulässig. Zum bestimmungsgemäßen Betrieb gehört eine hinreichend häufige Durchspülung jedes Anlagenteils. Es dürfen nur Apparate für die Trinkwasser-Installation verwendet werden, die zwangsweise durchströmt werden. Nicht genutzte Entnahmestellen und Leitungen sind rückstandsfrei (d.h. Ausbau des T-Stücks aus der durchströmten Leitung) zu entfernen. Vorhandene Zapfstellen, die nicht entfernt werden sollen (z.B. Ausgussbecken, Außenzapfstellen), müssen entsprechend bestimmungsgemäß genutzt werden.

Nach VDI/DVGW 6023 Blatt 1 [19] stellt eine Nichtnutzung von mehr als 72 Stunden eine Betriebsunterbrechung dar, die unbedingt zu vermeiden ist. Nur wenn nachgewiesen ist, z.B. durch wiederkehrende Beprobungsergebnisse, dass sich die Trinkwasserqualität nicht nachteilig verändern kann (z.B. durch entsprechende Trinkwasseranalysen) und bei ansonsten hygienisch einwandfreien Verhältnissen in der Trinkwasser-Installation, ist eine Nichtnutzung von max. 7 Tagen zulässig.

In besonderen Fällen (z.B. in Lebensmittelbetrieben, Krankenhäusern, Kindertagesstätten, Seniorenpflegeheimen oder bei verstärkter Erwärmung des Kaltwassers ...) können aber auch durchaus verkürzte Intervalle erforderlich sein.

Sind Anlagenteile mit stagnierendem Wasser unmittelbar mit dem Trinkwasser verbunden, besteht eine ernsthafte Gefahr für die Qualität des Trinkwassers und damit für die Nutzer. Stagnationsbedingte Veränderungen in Geruch, Geschmack oder Farbe des Trinkwassers sind in der Regel nicht gesundheitsschädlich. Gesundheitsgefahren können jedoch auftreten, wenn das stagnierende Wasser mit Bestandteilen der umgebenden Werkstoffe so stark verunreinigt wird, dass Vergiftungen möglich sind (z. B. Schwermetallaufnahme aus metallenen Rohrleitungen) oder die Stagnationsbedingungen die Vermehrung pathogener Mikroorganismen ermöglichen (z. B. Legionellen oder P. aeruginosa). Pathogene Mikroorganismen, die sich in diesen Leitungen ansiedeln und vermehren, können in Stillstandszeiten oder bei Druckschwankungen infolge von großer Entnahme auch gegen die Fließrichtung in die zuführende Leitung zurückwachsen und ggf. hierdurch in andere Teile der Trinkwasser-Installation gelangen bzw. sich verbreiten. Unter Wärmelasten aus der Umgebung, z. B. in Heizräumen, besteht in selten genutzten Leitungen ein zusätzlich erhöhtes Risiko auf mikrobielles Wachstum.

5.6.4 Trinkwassererwärmungsanlage einschließlich PWC-Zuleitung

5.6.4 Trinkwassererwärmungsanlage einschließlich PWC-Zuleitung

- Prüfung der Vollständigkeit und Eignung sowie des Instandhaltungszustands der Leitungen, Armaturen und Apparate und der erforderlichen Temperaturmesseinrichtungen
- Bewertung der Trinkwassererwärmungsanlage hinsichtlich Eignung und Dimensionierung (Anzahl, Art und Größe von Speicher-Trinkwassererwärmern, Parallel- oder Reihenschaltung, gleichmäßige Durchströmung)
- Prüfung der eingestellten und der gemessenen Temperaturen sowie das Vorhandensein, die Eignung und die Positionierung von Probennahmeventilen

Der Trinkwassererwärmungsanlage kommt hinsichtlich einer zu besorgenden Kontamination mit Legionellen eine zentrale Bedeutung zu. Da zum Betrieb einer Trinkwassererwärmungsanlage diverse Bauteile, Armaturen und Apparate notwendig sind, finden sich auch in diesem Bereich der Installation vielfältige Möglichkeiten für technische Mängel.

Geprüft werden muss nicht nur auf das Vorhandensein der notwendigen Armaturen und Einrichtungen, sondern auch auf deren korrekte Installation und Anordnung.

Aus DIN 1988-200 Punkt 9.2.2 [26] ergibt sich, dass der Kaltwasseranschluss einer zentralen Trinkwassererwärmungsanlage über die nachfolgenden Komponenten verfügen soll (in Fließrichtung):

- Absperreinrichtung
- prüfbarer Rückflussverhinderer Typ EA nach DIN EN 1717 [23]
- Druckmesseinrichtung
- Absperreinrichtung
- Sicherheitsventil
- Entleerung

Gemäß DIN EN 806 Teil 2 in Verbindung mit DIN 1988 Teil 200 Punkt 9.2.2 und Punkt 10.2.4 „Sicherheitsventile, Sicherheitsgruppen“ ist in die Kaltwasser-Zuleitung – unabhängig von der Beheizungsart des Trinkwassererwärmers – ein Rückflussverhinderer einzubauen, wenn der Nenninhalt des Durchfluss- oder Speicher-Trinkwassererwärmers > 10 l ist. Ohne geeigneten und prüfbaren oder bei defektem Rückflussverhinderer kann es zu einem Rückdrücken von erwärmtem Trinkwasser in die zuführende PWC-Leitung kommen. Eine Aufwärmung des Trinkwassers (kalt) könnte dann eine Vermehrung von Legionellen begünstigen.

In der Trinkwasserleitung kalt von geschlossenen Trinkwassererwärmern ist ein Anschluss für ein Druckmessgerät vorzusehen.

Nach DIN EN 806-2 Punkt 10.1 sind Trinkwassererwärmungsanlagen mit einem Sicherheitsventil zum Schutz gegen Überdruck auszustatten. Die Druckstufe bzw. der Ansprechdruck des Sicherheitsventils ist nach dem zulässigen Überdruck des Trinkwassererwärmers auszuwählen. Ohne ein geeignetes, funktionstaugliches Sicherheitsventil kann es bei einem Versagen der Temperaturregelung zu einer übermäßigen Erwärmung des Trinkwassers im Speicher kommen, wodurch der maximal zulässige Druck des Speichers überschritten wird und es in der Folge sogar zu einem Bersten des Speichers kommen könnte.

Zwischen dem Anschluss des Sicherheitsventils und dem Trinkwassererwärmer dürfen sich keine Absperrarmaturen, Verengungen und Siebe befinden.

Die Einzelzuleitung zum Sicherheitsventil darf hierbei gem. DIN 1988-200 Punkt 10.3.2 [26] nicht länger sein als max. 10 x DN. Die Festlegung dieser 10 x DN als maximale Länge der Einzelzuleitung hat jedoch mit einem möglicherweise zulässigen Stagnationswasservolumen gar nichts zu tun und wird oftmals auch für andere Stagnationsleitungen fehlinterpretiert. Tatsächlich beziehen sich diese 10 x DN jedoch lediglich auf eine sogenannte hydraulische

Beruhigungsstrecke, wie sie auch nach einem Druckminderer erforderlich ist (dort 5 x DN), um unerwünschtes Ansprechen des Ventils aufgrund von Turbulenzen u. ä. hydraulischen Störungen zu vermeiden.

Das Ausströmen des Entlastungswassers aus einem Sicherheitsventil muss so erfolgen, dass Schaden von Personen innerhalb und außerhalb des Gebäudes sowie von elektrischen Bauteilen und Kabeln vermieden wird. Das Entlastungswasser muss gemäß DIN EN 1717 [23] über einen freien Auslauf und Trichter im selben Raum oder derselben Aussparung in die Abwasserleitung geführt werden. Ohne einen freien Ablauf der Entlastungsleitung über dem Entwässerungsgegenstand könnten sich Mikroorganismen über die feuchten Oberflächen auch gegen die Fließrichtung verbreiten, was zu einer Kontamination des Trinkwassers führen kann. Die unmittelbare Verbindung der Entlastungsleitung mit der Abwasserleitung durch Einführung in die Abwasserleitung widerspricht dem Sicherungsgrundsatz nach DIN EN 1717 [23] i.V. m. DIN 1988-100. Ein Rückwachsen von Mikroorganismen aus der Abwasserleitung in die Trinkwasser-Installation kann dann nicht mehr ausgeschlossen werden.

Aus DIN 1988-200 [26] ergibt sich, dass zusätzlich zum Sicherheitsventil auch Membranausdehnungsgefäße (MAG) eingesetzt werden können. Ein MAG muss dann ggf. DIN 4807-5 entsprechend bauartbedingt dauerhaft durchströmt sein und auch der Einbau muss nach den Herstelleranweisungen so erfolgen, dass das MAG im Betrieb auch tatsächlich dauerhaft durchströmt wird. Aus VDI/DVGW 6023 Punkt 6.1 [19] ergibt sich, dass nicht durchströmte Leitungen (z. B. Bypass-Leitungen) und Apparate unzulässig sind. Es dürfen nur Apparate für die Trinkwasser-Installation verwendet werden, die zwangsweise durchströmt werden.

Gemäß DVGW W 551 (A) Punkt 5 sind Trinkwassererwärmungsanlagen entsprechend den allg. anerkannten Regeln der Technik so klein wie möglich und nur so groß wie nötig zu bemessen.

In vielen Bestandsanlagen ist bereits durch Augenscheinnahme feststellbar, dass eine Trinkwassererwärmungsanlage überdimensioniert wurde. Wenn in einer Schulturnhalle einer Grundschule insgesamt 5 Speicher mit jeweils 1.000 l Speicherwasservolumen installiert sind, den Schülern und abendlichen Vereinssportlern jedoch nur 2 Sammelduschen („Jungen" und „Mädchen") mit je 4 Duscheinrichtungen zur Verfügung stehen, ist sicher von einer Überdimensionierung auszugehen. Da in einem Gutachten jedoch Vermutungen und Annahmen sachlich begründet werden müssen, kann das Speicherwasservolumen überschlägig mit einer Mischwasserberechnung bestimmt werden.

Beispiel: In einem Industriebetrieb beträgt die Belegschaft 96 Personen in drei Schichten (32 Mitarbeiter pro Schicht), das Speicherwasservolumen beträgt 3 x 1.500 l = mw60 = 4.500 l.

Bei einer Mischwassertemperatur von 40 °C beträgt der Anteil PWH 60 %, was bedeutet, mit einem Speicherwasservolumen von 4.500 l bei 60 °C stehen 7.500 l Mischwasser von 40 °C den Mitarbeitern zur Verfügung (4.500 l/0,6 = mm40 = 7.500 l). Wenn jeder der 32 Mitarbeiter pro Schicht mindestens 4 Minuten lang duscht bei einem Armaturenvolumenstrom von 0,25 l/s, werden aber insgesamt nur ca. 2.000 l Mischwasser verbraucht, was bei 60 %-igem Anteil PWH ein Speichervolumen von gerade einmal 1.150 l PWH ausmacht. Im Ergebnis zeigt sich (ohne Berücksichtigung von Gleichzeitigkeitsfaktoren), dass die Speicher ca. 3-fach überdimensioniert sind.

Aber auch ein kleiner Wasserzähler im PWC-Zulauf zur Trinkwassererwärmung kann im Verlauf einer festgelegten Zeitspanne den tatsächlich benötigten Bedarf an PWH festhalten und dokumentieren.

Es muss am Warmwasseraustritt der Trinkwassererwärmungsanlage bei bestimmungsgemäßem Betrieb ständig eine Temperatur von mindestens 60 °C eingehalten werden können. Systembedingte Unterschreitungen von 60 °C sind nicht zulässig. An keiner Stelle im System dürfen 55 °C unterschritten werden. Temperaturen unter 60 °C/55 °C lassen im Trinkwassererwärmer und im nachgeschalteten Leitungsnetz die Vermehrung von Mikroorganismen, z. B. Legionellen, zu.

Zentrale Trinkwassererwärmer müssen so geplant, gebaut und betrieben werden, dass am Austritt der TWE die Temperatur ≥ 60 °C beträgt. Bei Entnahme von Spitzenvolumenströmen ist mit einem Temperaturabfall im Speicher zu rechnen. Kurzzeitige Absenkungen der Speicheraustrittstemperatur im Minutenbereich sind daher gem. DIN 1988-200 Punkt 9.7.2.2 [26] tolerierbar, systembedingte Unterschreitungen von 60 °C sind jedoch unzulässig.

Ebenfalls nach DVGW W 551 (A) muss bei Speicher-Trinkwassererwärmern mit einem Inhalt > 400 l durch die Konstruktion und andere Maßnahmen (z. B. Umwälzung, bei Mehrfachspeichern gleichmäßige Beaufschlagung der einzelnen Speicher) sichergestellt werden, dass das Wasser an allen Stellen gleichmäßig erwärmt wird. Werden Speicher nicht gleichmäßig erhitzt, können sich Temperaturschichten innerhalb der Speicher bilden. Hierdurch kann es zu Bereichen mit abgesenkter Temperatur kommen, selbst wenn die Thermometer im Speicher Temperaturen ≥ 60 °C anzeigen, wodurch das Wachstum von Legionellen innerhalb des Speichers begünstigt werden könnte.

Bei einer periodischen temporären Temperaturerhöhung im Trinkwassererwärmer inklusive Zirkulationssystem (z.B. „Legionellenschaltung“ oder „Legionellenschleuse“) handelt es sich gemäß DVGW W 551 (A) und DVGW W 557 (A) allerdings um keine thermische Desinfektion. Eine solche Maßnahme ist daher nicht zielführend. Weiterhin kann sie zu einer Schädigung der eingebauten Produkte und Werkstoffe führen.

Die Temperaturen des Warm- und Zirkulationswassers sind in den einzelnen Teilstrecken (anlagenspezifisch) zu messen und zu dokumentieren. Eine erforderliche Genauigkeitsklasse der Thermometer ist nicht angegeben.

Die Temperaturdifferenz im System (Ausgang Trinkwassererwärmungsanlage/Eintritt Zirkulation) darf nach DVGW W 551 (A) maximal 5 K nicht überschreiten. Eine Überschreitung der 5 K-Regel nach DVGW W 551 (A) deutet auf erhöhte Temperaturverluste im System bzw. einen unzureichenden hydraulischen Abgleich hin und hat sich als guter, entnahmestellenspezifischer Indikator für einen möglicherweise positiven Nachweis von Legionellen erwiesen. Eine deutliche Unterschreitung oder sehr geringe Umlaufzeiten deuten jedoch auf hydraulische Kurzschlüsse hin, die eine ungleichmäßige Verteilung der zur Verfügung stehenden Volumenströme bzw. einen hydraulischen Abgleich behindern.

Trinkwasser-Installationen mit zentraler Trinkwassererwärmung und zirkulierendem System weisen jedoch eine ausgeprägte tägliche Dynamik durch anlagenspezifische Aufheiz- und Abkühlphasen und die jeweiligen Bedingungen der Zirkulation auf. Deswegen sollten für eine aufschlussreiche Temperaturmessung Verfahren gewählt werden, die diese Dynamik auch abbilden können. Hier kommen meist nur Datenlogger infrage. Die resultierenden Graphen sind aufschlussreich und meist gut interpretierbar. Da die aufgezeichneten Temperaturdaten immer auch digital verfügbar sind, können zusätzlich beliebige weitergehende mathematische und statistische Betrachtungen (Mittelwerte, Minimal- und Maximalwerte, Temperaturdifferenzen etc.) problemlos erfolgen.

Eine messtechnische Nachprüfung der sog. „5 K-Regel“ gem. DVGW W 551 (A) durch annähernd zeitgleiche, einmalige Temperaturmessung des Trinkwassers (warm) am Austritt des Trinkwassererwärmers und des über die Zirkulationsleitung zurückkommenden Warmwassers (Spotmessungen) kann jedoch nur einen Hinweis geben, da die systemspezifische Umlaufzeit des Trinkwassers im zirkulierenden System nicht berücksichtigt werden kann (siehe DVGW Information Wasser Nr. 90). Eine Kontrolle der 5 K-Regel sollte also immer unter Berücksichtigung der Umlaufzeit erfolgen. Diese Umlaufzeit ist die Zeit zwischen Erreichen ϑ_{max} am Speicherausgang bis Erreichen ϑ_{max} am Wiedereintritt der Zirkulation.

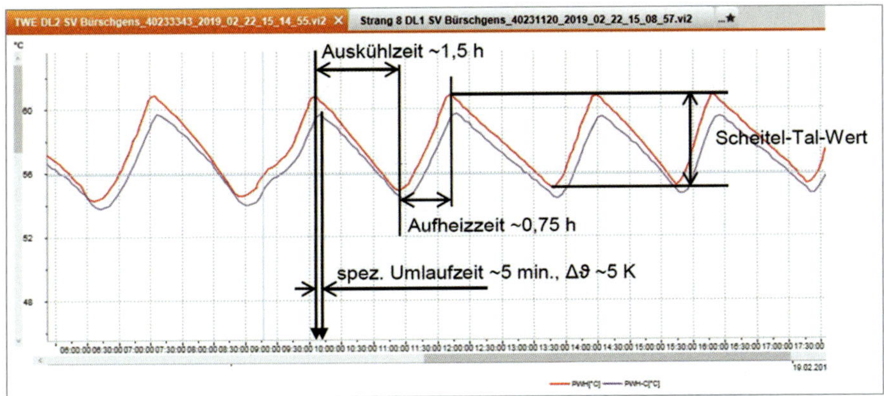

Bild 5: Aus einem Datenlog-Protokoll lassen sich wesentliche Informationen gewinnen, die die Aufheiz- und Auskühlphasen, minimale/maximale Temperaturen, Temperaturdifferenzen zwischen den Spitze-Spitze-Werten, Umlaufzeiten usw. (eigenes Bild) dokumentieren.

Aus einem solchen Log-Protokoll über einen Zeitraum von einigen Stunden bis hin zu mehreren Tagen lassen sich wichtige Informationen über die Funktionstauglichkeit der Anlage gewinnen, z. B. zu max. und min.-Temperaturen in PWH und PWH-C, zu Betriebszeiten, zur anlagenspezifischen Umlaufzeit und zu den tatsächlichen Temperaturverlusten zwischen PWH und PWH-C (siehe auch Punkt 5.6.5).

5.6.5 Temperaturbereiche, Druckmessung und Volumenströme

5.6.5 Temperaturbereiche, Druckmessung und Volumenströme

Hinsichtlich der Einhaltung der relevanten Betriebsparameter ist eine Überprüfung der Temperaturen und Durchflussmengen unabdingbar. Die entsprechenden Aufzeichnungen an repräsentativen Abschnitten des Trinkwassernetzes geben Aufschluss über die vorhandenen Probleme und Ursachen eines eventuell vorliegenden Hygieneproblems.

Zur Überprüfung der relevanten Betriebsparameter muss der Sachverständige über die geeignete technische Ausstattung verfügen, mindestens Temperaturmessgeräte (vorzugsweise Datenlogger), vorzugsweise auch Durchfluss- und Druckmessgeräte.

Neben der Konstruktion der Trinkwassererwärmungsanlagen ist die Temperaturhaltung im System der Trinkwasser-Installation ein weiterer wesentlicher Risikobereich hinsichtlich einer Kontamination mit Legionellen.

Zur Sanierungsvorbereitung, zum hydraulischen Abgleich, zur Erkennung von Zirkulations- und Dämmungsmängeln u. Ä. müssen die Volumenströme und Temperaturverläufe an den entsprechenden Stellen der Trinkwasser-Installation ermittelt werden.

5.6.5.1 Temperaturmessung

5.6.5.1 Temperaturmessung

Die Temperaturvorgaben (kalt und warm) nach VDI/DVGW 6023 sowie DVGW W 551 (A) sind zwingend einzuhalten und mindestens an den folgenden Stellen zu überprüfen:

- Hausanschluss
- Austritt der Trinkwassererwärmer
- Zirkulation am zentralen Rücklauf vor dem Wiedereintritt in die Trinkwassererwärmungsanlage
- jede Steig- und Verteilleitung (warm, kalt und Zirkulation)
- endständige Entnahmestellen
- Umgebungstemperaturen in Technikräumen und Schächten.

Bei bereits vorhandenen Messeinrichtungen ist deren Anzeigegenauigkeit zu überprüfen.

In Räumen, in denen Trinkwasserleitungen kalt (PWC) installiert sind, ist zusätzlich die Umgebungstemperatur zu erfassen und zu dokumentieren.

Wichtiger Hinweis

Fotos von Wärmebildkameras können eine Temperaturmessung mit geeigneten Messgeräten nicht ersetzen.

Temperaturmessungen des PWC geben Aufschluss darüber, ob es im Tagesverlauf zu Temperaturschwankungen bereits am Hauswassereingang kommt und ob es witterungsbedingt oder durch unsachgemäße Verlegung der Hausanschlussleitung in unmittelbarer Nähe zu z. B. Fernwärmeleitungen im selben Rohrgraben zu einer unerwünschten Aufwärmung des Kaltwassers kommt. Ist die Temperatur am Hauswassereingang bekannt, lassen sich auch Aufwärmungen des Kaltwassers im Vergleich zu den festgestellten Auslauftemperaturen innerhalb der Gebäudehülle durch Wärmelasten aus dem Gebäude einfacher bestimmen.

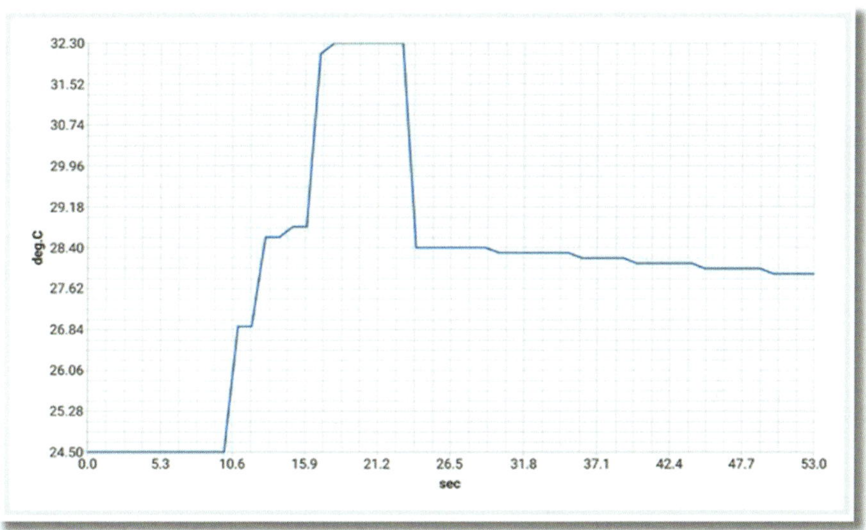

Bild 6: Beispiel Datenlog-Protokoll Hauswassereingang, 27.08.2018 06:45, Volumenstrom 0,17 l/sec, mit kurzzeitiger Erhöhung der Kaltwassertemperatur auf bis zu 32,3 °C und kontinuierlicher Temperatur von > 28 °C (eigenes Bild)

Die Erfassung eines Temperaturprotokolls an einer Trinkwassererwärmungsanlage am Austritt der Trinkwassererwärmung und am zentralen Wiedereintritt der Zirkulation wurde bereits unter Punkt 5.6.4 ausführlich dargestellt. Hierneben empfiehlt es sich jedoch, auch die Temperatur der Kaltwasserzuleitung zur Trinkwassererwärmungsanlage in Fließrichtung vor dem Rückflussverhinderer zu prüfen, um einen Defekt der Sicherungseinrichtung und damit ein unzulässiges Rückdrücken von Trinkwasser (warm) in die Kaltwasserzuleitung feststellen zu können (siehe Abbildung 7).

Auch hydraulische Mängel in der Installation lassen sich nur durch kontinuierliche Temperaturmessungen ermitteln. In der Auswertung der kontinuierlichen Datenaufzeichnung (Log-Rate 1/10 sec.) an der Trinkwassererwärmungsanlage in einem größeren Hotel wurde hier ein Mangel in der hydraulischen Verbindung offensichtlich (siehe beispielhafte Markierungen in Abbildung 8). Die Ladepumpe zur Beheizung der Speicher wird temperaturabhängig geschaltet über Temperaturfühler in den Speichern. Beim Betrieb der Ladepumpe wird zeitgleich (ohne nennenswerte Umlaufzeit) Kaltwasser gegen die Fließrichtung in die Zirkulation gedrückt. Ein geeigneter Rückflussverhinderer in der rückführenden Zirkulationsleitung, der ein Überströmen in die Zirkulation verhindern könnte, war nicht ersichtlich (siehe schematische Darstellung in Abbildung 9).

Ursache hierfür könnte sowohl ein deutlich erhöhter Druckverlust im Wärmetauscher sein (z. B. durch Kalkablagerungen) oder eine gegenseitige hydraulische Beeinflussung der beiden Pumpen beim parallelen Betrieb.

Gerätename: DL4 SV Bürschgens		22.11.2019 13:38:29			Seite 1/1
Startzeit: 13.11.2019 13:26:52		Minimum	Maximum	Mittelwert	Grenzwerte
Endzeit: 20.11.2019 08:39:52	PWH [°C]	12,4	41,0	18,957	60,0/100,0
Messkanäle: 2	PWH-C [°C]	----	----	----	55,0/100,0
Messwerte: 58759					
SN 40234721					

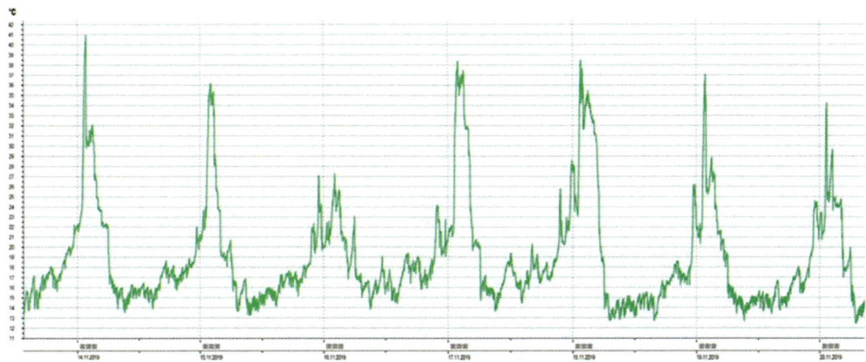

Bild 7: Das Datenlog-Protokoll der PWC-Zuleitung zur Trinkwassererwärmung zeigt einen zyklischen Anstieg der Kaltwassertemperatur auf bis zu 41 °C, der zeitlich jeweils mit der am Trinkwassererwärmer programmierten „Legionellenschaltung“ in den Nachtstunden übereinstimmt. (eigenes Bild)

Gerätename: DL1 SV Bürschgens TWE 1 Hotel 1.-18. OG		26.08.2019 19:11:47			Seite 1/1
Startzeit: 07.08.2019 13:22:18		Minimum	Maximum	Mittelwert	Grenzwerte
Endzeit: 14.08.2019 15:37:28	PWH [°C]	58,6	68,8	62,491	-50,0/400,0
Messkanäle: 2	PWH-C [°C]	37,0	60,4	56,321	-50,0/400,0
Messwerte: 61292					
SN 40231120					

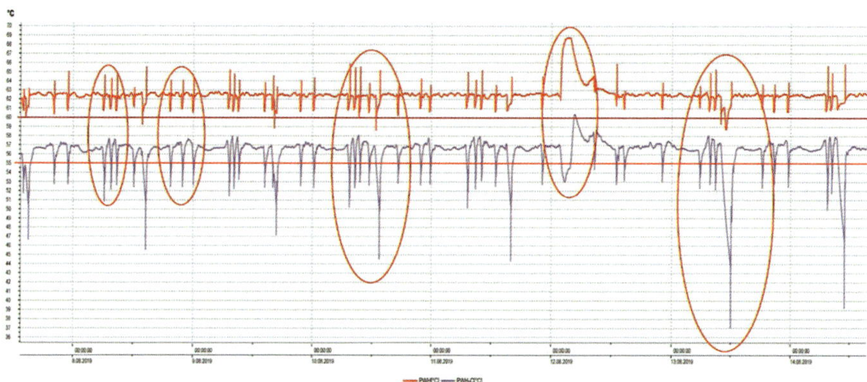

Bild 8: Datenlog-Protokoll Trinkwassererwärmung mit ersichtlichen Temperaturabsenkungen in PWH-C zeitnah vor einer Erhöhung der PWH-Temperatur (eigenes Bild)

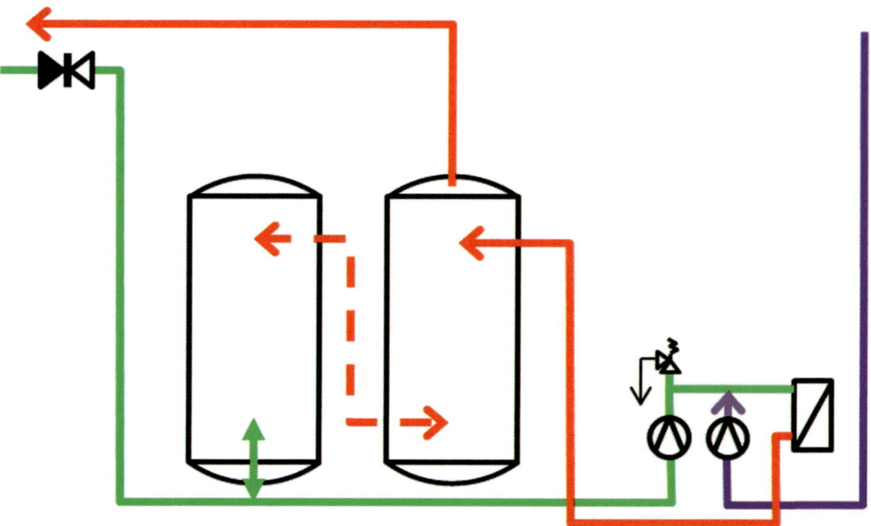

Bild 9: Schematische Darstellung der Trinkwassererwärmungsanlage im Hotel (eigenes Bild)

Eine solche Aufzeichnung von Temperaturen über Datenlogger mit Anlegefühlern lässt sich auch wirkungsvoll an einzelnen Strängen PWH/PWH-C einsetzen. Bei der Verwendung von Anlegefühlern sollte darauf geachtet werden, dass unterschiedliche Materialien auch unterschiedliche Wärmeleitfähigkeiten haben, d.h. an dünnwandigen Metall-Leitungen aus Kupfer oder Edelstahl sind die Messungen präziser als an dickwandigen Mehrschichtverbundrohren. In jedem Fall empfiehlt sich bei Anlegefühlern die Verwendung geeigneter Wärmeleitpaste zwischen dem Fühler und der Leitungsoberfläche.

Lediglich Stockwerks- und/oder Einzelzuleitungen mit einem Wasservolumen < 3 l können gem. Punkt 5.4.3 des DVGW W 551 (A) ohne Zirkulationsleitungen gebaut werden, doch auch nach VDI/DVGW 6023 [19] sollen Einzelzuleitungen im Hinblick auf Ausstoßzeiten so kurz wie möglich sein. Ein Wasservolumen von 3 l (PWC/PWH) darf nicht überschritten werden. Daraus folgt, dass an jeder Entnahmestelle spätestens nach Ablauf von 3 l eine Temperatur von 57 °C zur Verfügung stehen sollte, mindestens jedoch 55 °C.

DIN 1988-200 [26] verweist in Hygienefragen auf die VDI/DVGW 6023 Blatt 1 [19]. Diese sagt aus, dass die Temperatur des Trinkwassers (kalt) immer < 25 °C sein muss (für Hygienefragen des Trinkwassers (warm) ist das DVGW-Arbeitsblatt W 551 heranzuziehen). Nach VDI/DVGW 6023 Blatt 1 [19] muss Trinkwasser also möglichst kalt sein. Die zulässige maximale Temperatur ist, auch unter Beachtung von unvermeidbaren Stagnationszeiten, auf 25 °C begrenzt, empfohlen wird sogar eine Temperatur von ≤ 20 °C. Trinkwasserleitungen kalt (PWC) müssen dazu so geplant und gebaut werden, dass sie von Wärmequellen thermisch entkoppelt sind („Hotspots"), um einen Wärmeübergang und damit unzulässige Erwärmung zu verhindern. Wenn sich PWC durch hohe Umgebungstemperaturen oder daneben liegende, warmgehende Leitungen (PWH, Heizung) erwärmt, besteht auch dort das Risiko einer Vermehrung von pathogenen Keimen wie z.B. Legionellen. Leitungen für Trinkwasser (kalt) müssen daher ausreichend gegen Aufwärmungen aus der Umgebung geschützt werden (auch eine ordnungsgemäße Dämmung kann eine Aufwärmung nur verzögern).

Temperaturbereiche im PWC > 20 °C bzw. im PWH/PWH-C < 55 °C begünstigen das Wachstum von Mikroorganismen, insbesondere Legionellen, und stellen damit ein hohes hygienisches Risiko dar.

Abweichungen von den normativen Anforderungen können durch Messungen der endständigen Entnahmetemperaturen festgestellt und bewertet werden. Hierbei sollten die jeweiligen Temperaturen im Trinkwasser (warm) und (kalt) in den drei wesentlichen Abschnitten kontrolliert werden, d.h. jeweils mindestens eine Messung nach 1 l Ablaufwasservolumen (Einzelzuleitung zur Entnahmestelle), nach 3 l (Verteilleitung Etage) und nach 5 l (Strang).

Um die Verteilung von Trinkwasser (warm; PWH) und (kalt; PWC) bewerten zu können, wird im Rahmen der Ortsbesichtigung zur Gefährdungsanalyse durch Temperaturmessungen an allen jeweils weitestentfernten, endständigen Entnahmestellen ein Temperaturprotokoll des Systems aufgenommen. Diese Temperaturmessungen können sowohl durch Direktmessungen im Messbecher mit einem geeigneten Thermometer jeweils nach 1, 3 und 5 l Ablaufwasservolumen erstellt werden oder mittels moderner Durchfluss-Datenloggern, die gleichzeitig Volumenströme und Temperaturverläufe an den Entnahmestellen aufzeichnen.

Für eine hygienisch-technische Bewertung völlig ungeeignet sind dagegen Temperaturmessungen nach 30 Sekunden, die ohne Bezug zu einem konkreten Ausstoß-Volumenstrom der jeweiligen Armatur völlig wertlos sind. Nach Anforderung der nationalen Trinkwasserhygiene-Richtlinie VDI/DVGW 6023 Blatt 1 [19] sollen Einzelzuleitungen auch im Hinblick auf Ausstoßzeiten so kurz wie möglich sein. Ein Wasservolumen von max. 3 l in der Einzelzuleitung zur Entnahmestelle darf nicht überschritten werden. Zur fachgerechten Bewertung einer Auskühlung nicht-zirkulierender Einzelanschlussleitungen im Warmwasser oder einer möglichen Angleichung der Kaltwassertemperatur an die Raum- oder Umgebungstemperatur ist es daher sinnvoll, Temperaturmessungen zur Überprüfung einer Installation an den entsprechenden Stellen innerhalb der

Messstelle Bauteil B	PWH [°C]			PWC [°C]			**Anmerkungen / Auslaufmenge**
Ablaufmenge	1 l	3 l	5 l	1 l	3 l	5 l	
1. OG B31-011 Patientenzimmer	25,4	45,7	54,5	30,7	22,6	21,7	Volumen PWH+PWC: 5 ltr./min.
1. OG B31-021 Patientenzimmer,	38,0	55,8	57,5	31,6	24,2	23,0	Volumen PWH+PWC: 7-8 ltr./min. leerstehend
1. OG B31-025 bis 027							leer – zugeschlossen
1. OG B31-071 Besucher-WC (hinterer Querbau)	30,7	51,7	53,7	28,7	23,0	22,7	
1. OG B31-047 hinterstes Patientenzimmer,	21,0	35,9	39,3	23,0	23,1	22,5	leer mit Kaffeemaschine, Volumen PWH+PWC 7-8 ltr./min. extrem langsame Temperatursteigerung Konstanttemperatur nur 43,6° C
1. OG B31-042 bis 046							leer - teils zugeschlossen
1. OG B31-036 Patientenzimmer Voll belegt	46.3	57.2	58.3	23.8	18.2		

Bild 10: Beispiel eines Temperaturprotokolls in tabellarischer Aufbereitung (eigenes Bild)

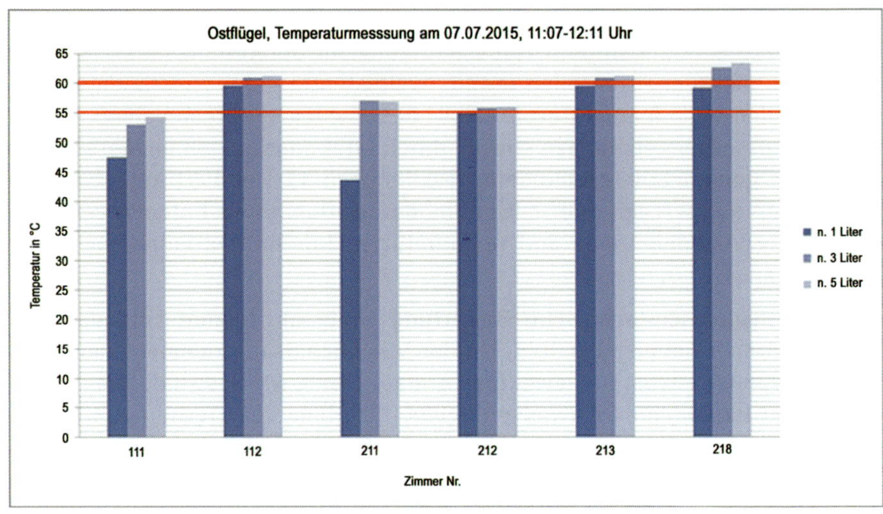

Bild 11: Beispiel eines Temperaturprofils als Säulendiagramm (Bild: Ingenieurbüro Peter, Gießen)

Leitungen zu ermitteln. Hierbei sollten die jeweiligen Temperaturen im Trinkwasser (jeweils warm und kalt) in den drei wesentlichen Abschnitten kontrolliert werden, d. h. jeweils eine Messung nach 1 l Ablaufwasservolumen (Einzelzuleitung zur Entnahmestelle), nach 3 l (Verteilleitung Etage bzw. Strang) und nach 5 l (Strang).

Eine Mitteilung des DIN-Normenausschusses NA119-07-07AA (DIN EN 806/DIN 1988) aus Januar 2018 sagt hierzu:

> „(...) dass sich Aufgrund verschiedener Einflüsse oftmals eine Temperaturüberschreitung des Trinkwassers kalt (PWC) auf über 25 °C angeblich nicht vermeiden lassen würde und dass hinsichtlich der Betriebstemperaturen die Anforderungen gemäß Trinkwasserverordnung an eine Trinkwasser-Installation als erfüllt gelten, wenn die normativen Anforderungen aus der DIN EN 806-2 und der DIN 1988-200 [26] (maximal 30 s nach dem vollen Öffnen einer Entnahmestelle darf die Kaltwassertemperatur 25 °C nicht übersteigen) eingehalten werden“

Eine ergänzende DIN-Mitteilung des Normungsausschusses besitzt jedoch keinerlei Verbindlichkeit (LG München I, Az. 3 HK 0 9066/20) und die Annahme, dass bei Einzelanschlussleitungen die erforderlichen Trinkwasser-Temperaturen von < 25 °C (PWC) und > 55 °C (PWH) bis zu einem Ablauf von 3 l oder 30 Sekunden unberücksichtigt bleiben könnten, ist in der Realität nachweislich falsch, da sich Legionellen auch in Wasservolumen kleiner 3 l durchaus wohlfühlen und vermehren. Auch kurzzeitige Überschreitungen der Kaltwasser-Temperatur können zu einer extrem hohen Legionellen-Kontamination mit Gesundheitsgefährdungen für die Nutzer und erheblichen Kosten für den Anlagenbetreiber führen. Deshalb müssen auch Trinkwasser-Installationen für Trinkwasser (kalt) so betrieben werden, dass unter Beachtung von Stagnationszeiten die Wassertemperaturen nicht in einen für die Legionellenvermehrung günstigen Temperaturbereich ansteigen.

Dabei ist auch zu berücksichtigen, dass bei Erhöhung der Temperatur des Trinkwassers (warm) auch die Temperatur des Trinkwassers (kalt) durch z. B. mangelhafte Dämmung oder unzureichenden Wasseraustausch in einen kritischen Bereich kommen kann. In der Praxis hat sich gezeigt, dass bei Trinkwassertemperaturen unter 20 °C nur sehr selten Legionellen nachgewiesen werden (DVGW-Informationen Wasser Nr. 74 und Nr. 90).

Die Annahme, die ersten 30 Sekunden oder 3 l könnten unberücksichtigt bleiben, ist ebenso falsch wie die Annahme, dass Legionellen-Werte unter 100 KBE/100 ml nicht auch zu einer Erkrankung führen könnten.

Eine Temperaturmessung an einer Entnahmestelle nach Ablauf von 30 Sekunden kann lediglich Komfort-Anforderungen definieren. Wie bereits beschrieben lässt sich allein mit einer Temperaturmessung nach Ablauf von 30 Sekunden, wie derzeit in der DIN EN 806 Teil 2 mit DIN 1988 Teil 200 geschrieben, eine Trinkwasser-Installation jedoch niemals hygienisch/technisch bewerten, da hierzu grundsätzlich eine Information über das Ausstoßvolumen oder zumindest den Volumenstrom der Armatur notwendig ist (eine Entnahmearmatur am Handwaschbecken im Gäste-WC stößt innerhalb von 30 Sekunden erheblich weniger Wasser aus als die voluminöse Tropen-Brause im Eltern-Bad).

Insbesondere in größeren Liegenschaften kommt es zwangsläufig zu sehr vielen, zeitaufwendigen Messungen. Für die Darstellung des Verhältnisses von Temperaturverlauf und Volumenstrom an Entnahmestellen (sog. Ausstoßzeiten) eignen sich insbesondere entsprechende Datenlogger, bei denen das Wasser aus der Armatur durch das Messgerät fließt, wobei annähernd in Echtzeit Temperaturen und Volumenströme erfasst werden können.

Bild 12: Durchfluss-Datenlogger eignen sich hervorragend, um kontinuierliche Messungen von Temperatur und Volumenstrom an endständigen Entnahmestellen durchzuführen (eigenes Bild).

In vielen Trinkwasser-Installationen ist festzustellen, dass die Kaltwassertemperatur nach 1 l gemessen tatsächlich unter 25 °C liegt, in der Regel werden hier Temperaturen analog zur Umgebungstemperatur gemessen. Nach 3 l gemessen ist eine Temperatur von 25 °C oft überschritten und nach 5 l ist dann bereits ein oft deutlicher Anstieg der Temperatur zu verzeichnen. Dieses Phänomen begründet sich meist damit, dass die Steigleitungen für Zirkulation, Trinkwasser warm und kalt im gleichen Schacht verlegt wurden, nicht selten zusammen mit den Leitungen für Heizungsvor- und -rücklauf. Liegen diese Leitungen zu eng aneinander, möglicherweise auch noch ohne ausreichende Dämmung, findet die Aufwärmung des Trinkwassers (kalt) in der Steigleitung statt; ein sogenannter „Hotspot“ entsteht. Die Temperaturmessung nach 1 l erfasst dann das bereits wieder abgekühlte Wasser aus der Einzelanschlussleitung, die Temperaturmessung nach 3 l misst die Temperatur der Verteilleitung bzw.

am Anfang der Einzelzuleitung am Strang und nach 5 l wird dann die deutlich erhöhte Temperatur aus der Steigleitung erfasst.

Durch die Erstellung eines Temperaturprofils an den endständigen Entnahmestellen sowohl im Warmwasser als auch im Kaltwasser lassen sich also wesentliche Erkenntnisse gewinnen zu Mängeln in der Hydraulik und im hydraulischen Abgleich, zu unzulässigen Aufwärmungen im Kaltwasser aufgrund einer gemeinsamen Schachtverlegung von warmen und kalten Rohrleitungen in zu geringem Abstand oder mit unzureichender Dämmung usw.

Unzulässige Erwärmungen der Kaltwassertemperatur lassen sich durchaus vermeiden, z. B. durch einen räumlichen Abstand zwischen warm- und kaltgehenden Leitungen im Schacht/in der Vorwand, durch ausreichende Dämmung oder durch einen bestimmungsgemäßen Betrieb mit häufigem Wasseraustausch.

Auch kurzzeitige Überschreitungen der Kaltwassertemperatur von 25 °C nach VDI/DVGW 6023 Blatt 1 [19] können zu einer mikrobiologischen Verkeimung mit ernsten Folgen führen, die sich jedoch im Rahmen von Untersuchungen zur Aufklärung der Ursachen nur durch differenzierte Temperaturmessungen feststellen lassen. Kontinuierliche Temperaturmessungen oder automatische Temperaturfeststellungen jeweils nach 1, 3 und 5 l mit Durchfluss-Datenloggern führen hierbei gegenüber der früher herkömmlichen Methode mit Temperaturmessgerät und Messbecher zu einer wesentlichen Verbesserung der Messergebnisse und zu erheblichen Erleichterungen bei der Erstellung von Temperaturprofilen.

Insbesondere wenn es bei dem festgestellten Mangel um Abweichungen von den geforderten Temperaturen in endständigen Bereichen geht, können Wärmebildkameras eine wertvolle Hilfe bei der Darstellung des Problems sein. Fotos von Wärmebildkameras können aber eine korrekte Temperaturmessung mit geeigneten Messgeräten (empfohlen sind Nadelfühler mit einer Ansprechzeit ≤ 1 sec.) nicht ersetzen!

5.6.5.2 Volumenströme

5.6.5.2 Volumenströme

In Zirkulationsleitungen, in denen die Funktion des hydraulischen Abgleichs nicht durch Temperaturmessungen nachgewiesen wird, können Volumenströme bestimmt werden.

Eine mobile Volumenstrommessung ohne fest und dauerhaft installierte Sensoren, ist in der Praxis an Leitungen < DN 50 in der Regel nicht möglich, da die gängigen, am Markt verfügbaren Ultraschall-Messgeräte erst ab Dimensionen DN 50 und aufwärts zuverlässige Sensoren („clamp-on") zur Verfügung stellen.

In Leitungen > DN 50 sind Ultraschall-Sensoren Teil eines Messsystems zur kontinuierlichen Durchflussmessung und Datenspeicherung der erfassten Messwerte. Sie werden zur Messung des Durchflusses von sauberen bis leicht verschmutzten Medien in vollgefüllten Rohren unterschiedlichster Abmessungen eingesetzt. Durch die Installation außen auf den Rohrleitungen ist der Sensor nicht in Kontakt mit dem Medium und daher für den Einsatz in Trinkwasser-Installationen geeignet.

Lediglich bei fest und dauerhaft installierten Sensoren im Rahmen der Anlagenüberwachung mittels Gebäudeautomation lassen sich Volumenströme in einzelnen Leitungen mit hinreichender Genauigkeit bestimmen, für einen temporären und mobilen Einsatz im Rahmen von Ortsbesichtigungen eignen sich diese Geräte jedoch ebenfalls nicht.

Eine Messung der unterschiedlichen Volumenströme innerhalb einzelner Zirkulationsleitungen zur Feststellung oder Überprüfung eines hydraulischen Abgleichs wird in der Praxis einer Gefährdungsanalyse also nahezu nie vorkommen. Insbesondere wenn Temperaturmessungen, z. B. mittels Anlegefühler, nicht möglich sind, ergeben sich auch keine Ansatzmöglichkeiten für die Sensoren einer Ultraschall-Durchflussmessung.

Volumenströme lassen sich jedoch anhand von Wasserzähleinrichtungen in Verbindung mit einer Stoppuhr näherungsweise ermitteln, z. B. in Verteil- und Einzelanschlussleitungen von Wohnungen. Auch die Ausstoßvolumenströme an Armaturen liefern mitunter wertvolle Informationen und können sowohl mittels Messbecher und Stoppuhr, mit Durchfluss-Messbechern oder elektronischen Durchfluss-Datenloggern ermittelt werden.

Bild 13: Durchfluss-Messbecher erfassen über eine definierte Ablauföffnung den ablaufenden Volumenstrom (eigenes Bild).

Insbesondere zu niedrige Volumenströme, die wesentlich geringer als die Auslegungsvolumenströme sind, die zur Berechnung und Dimensionierung von Leitungssystemen zugrunde gelegt wurden (teilweise geschlossene Eckregulierventile, Heißwassersperren und Verbrühschutzeinrichtungen), können Aufschluss über unzulässige Stagnationserscheinungen innerhalb der Leitungen geben.

5.6.5.3 Druckmessung

5.6.5.3 Druckmessung

Zur Beurteilung einer Trinkwasser-Installation kann auch die Bestimmung der Fließ- und Ruhedrücke in der Trinkwasser-Installation von großer Bedeutung sein. Besonders relevant in Bezug auf die Hygiene ist die Einhaltung des Mindestfließdrucks an den Entnahmestellen zu Zeiten großer Wasserentnahmen.

Die Trinkwasser-Installation ist so zu planen, dass nach DIN EN 806-2, Punkt 3.2.1 übermäßige Fließgeschwindigkeiten, geringe Entnahmearmaturendurchflüsse und stagnierendes Wasser vermieden werden sowie an allen Entnahmestellen die Gebrauchstauglichkeit unter Berücksichtigung des Druckes, der Entnahmearmaturendurchflüsse, der Wassertemperatur und der Nutzung des Gebäudes ermöglicht wird.

Stagnierendes Wasser ist also ebenso zu vermeiden wie zu hohe Fließgeschwindigkeiten, die zu Schäden und Geräuschbildung führen können.

Insbesondere signifikante Druckunterschiede zwischen dem Ruhedruck und dem Fließdruck lassen beispielsweise Rückschlüsse auf defekte oder gedrosselte Armaturen zu oder auf übermäßige Druckverluste durch Bauteile. Solche Differenzen lassen sich gut mit sogenannten Schleppzeiger-Manometern feststellen.

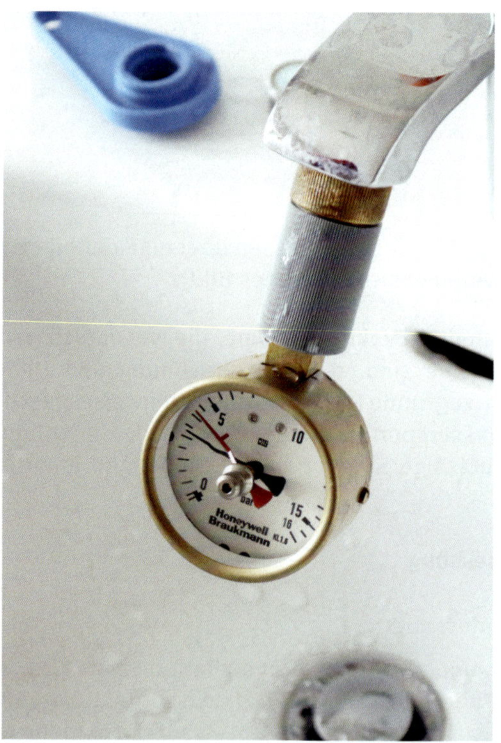

Bild 14: Schleppzeiger-Manometer an den Entnahmestellen zeigen sowohl den maximalen Ruhedruck oder Druckspitzen an als auch einen Fließdruck bei Öffnung weiterer Entnahmestellen (eigenes Bild).

Ein geringer Fließdruck ist in der Regel auch ein Anzeichen für einen geringen Volumenstrom in der Leitung und damit wiederum ein Hinweis auf mögliche Stagnationserscheinungen.

Aber auch Druckspitzen oder ungewöhnlich hoher, mitunter steigender Ruhedruck in Zeiten geringer Entnahme (beispielsweise nachts) sind Anzeichen für defekte Armaturen wie Druckminderer und Rückflussverhinderer oder Druckschläge durch schnell schließende Armaturen, die zu Schäden an der Installation führen können.

5.6.6 Zirkulationssystem

5.6.6 Zirkulationssystem

Es ist zu überprüfen, ob das Zirkulationssystem in der derzeitigen Ausführung den bestimmungsgemäßen Betrieb sicherstellen kann. Die Überprüfung umfasst insbesondere:

- Aufbau und Installation des Zirkulationssystems einschließlich der Pumpen
- das Vorhandensein und die Einstellung von Drosseleinrichtungen zur Herstellung des hydraulischen Abgleichs, der die notwendigen Zirkulationsvolumenströme sicherstellt
- die Einhaltung der geforderten Temperaturbereiche (Drei-Liter-Regel).

Zur Überprüfung der Temperaturverteilung PWH gehört auch die Feststellung zu ausreichenden und geeigneten Zirkulationspumpen und deren Installationsweise sowie die Prüfung, ob geeignete Regulierventile zur Einstellung eines hydraulischen Abgleichs vorhanden und korrekt eingestellt sind. Nach DVGW W 551 muss die Warmwassertemperatur am Ausgang des Speichers mindestens 60 °C erreichen. An keiner Stelle im zirkulierenden System dürfen 55 °C unterschritten werden. Die Temperaturdifferenz im System (Ausgang Trinkwassererwärmungsanlage/Eintritt Zirkulation) darf 5 K nicht überschreiten.

In Kleinanlagen (Ein- und Zweifamilienhäuser) mit Rohrleitungsinhalten von mehr als drei Litern zwischen dem Ausgang des Trinkwassererwärmers und einer Entnahmestelle sowie in Großanlagen sind Zirkulationssysteme zur Aufrechterhaltung von hygienisch sicheren Temperaturen im Trinkwassersystem (warm) einzubauen; Stockwerks- oder Einzelzuleitungen mit einem Wasservolumen $\leq$ 3 l können dabei ohne Zirkulationsleitung installiert werden.

Es wird in der aktuellen DVGW-Information Wasser Nr. 90 Kap. 2 ein Dauerbetrieb der Zirkulationspumpen empfohlen, da nur dann sichergestellt ist, dass in der Trinkwasser-Installation für Trinkwasser (warm) legionellenbegrenzende Temperaturen eingehalten werden.

Schwerkraft-Zirkulationssysteme ohne Pumpe, die lediglich in der Hoffnung betrieben werden, der Dichteunterschied zwischen heißem und abgekühltem Wasser werde schon für eine Umwälzung im System sorgen, sind aus hygienischen Gründen selbstverständlich nicht geeignet.

Kommt die Zirkulation mit deutlich niedrigeren Temperaturen als 55 °C aus dem Netz zurück oder ist die Differenz zwischen Speicheraustritt und Wiedereintritt der Zirkulation deutlich > 5 K, obwohl die Speicheraustrittstemperatur kontinuierlich 60 °C beträgt, ist entweder die Pumpenleistung zu gering oder der Netzwiderstand zu hoch. Die Pumpenleistung sollte dann gegenüber den überschlägig ermittelten Strömungswiderständen im Rohrnetz und den ggf. vorhandenen Regulierventilen und deren Einstellung überprüft werden. Die Beseitigung von unnötigen hydraulischen Widerständen und die Herstellung des „hydraulischen Abgleichs“ durch Einregulierung haben erste Priorität.

Bei der Überprüfung der verfügbaren Pumpenleistung ist zu beachten, dass bei hintereinander geschalteten Zirkulationspumpen unterschiedlicher Größe kleinere Pumpen häufig nur als Strömungswiderstand fungieren und damit keinen wesentlichen Beitrag für die Erhöhung des Zirkulationsvolumenstromes leisten können.

Ähnliches gilt bei mehreren, unterschiedlichen Pumpen, die parallel betrieben werden. Werden mehrere Zirkulationspumpen parallel oder in Reihe geschaltet, kann es zu hydraulischen Behinderungen der Volumenströme kommen, da sich Pumpenleistungen (Druck, Volumenstrom) nicht addieren lassen. Fördern mehrere Pumpen gleichzeitig in eine gemeinsame Sammelleitung, wird der Volumenstrom maßgeblich durch die stärkere Pumpe bestimmt, die schwächere Pumpe fördert dann gegen einen hydraulischen Widerstand an, was zu einem reduzierten Volumenstrom im Zirkulationskreis der schwächeren Pumpe und damit zu erhöhter Auskühlung führt.

Eine genaue Nachberechnung und Bewertung von bestehenden Anlagen ist ohne detaillierte Bestandsaufnahme der vorhandenen Leitungen (Rohrmaterialien, Dimensionen, Dämmung) mit zerstörendem Öffnen der rohrleitungsführenden Wände und Schächte nur sehr überschläglich möglich, wenn keine aktualisierten Berechnungsunterlagen zur Verfügung stehen. Weiterhin muss in Bestandsanlagen oftmals angenommen werden, dass sich die Rohrrauigkeit der installierten Rohrleitungen in dem Gebäude nicht mehr im Auslieferungszustand befindet.

Werden Zirkulationspumpen nicht dauerhaft betrieben, sind sie defekt oder entspricht deren Leistung nicht den derzeitigen Anforderungen, kann das Warmwasser in den Leitungen auf unzulässig niedrige Temperaturen abkühlen, was zu erhöhter Keimbildung führen kann. Bei zu geringer Leistung der Pumpe kann die Funktion der Zirkulationsregulierventile beeinträchtigt werden, da die pumpenfernen Stränge mangels Volumenstrom nicht erreicht werden können. Weiterhin erfordert die erneute Aufwärmung auf regelwerkskonforme Temperaturen einen höheren Energiebedarf als ein gleichmäßiger Temperaturhaltungsbetrieb.

Nach den a. a. R. d. T. (insbesondere VDI/DVGW 6023 [19], DVGW W 551 (A) in Verbindung mit DVGW W 553 (A), DIN 1988-200 [26] und -300 und DVGW W 556 (A)) sind Zirkulationssysteme hydraulisch abzugleichen. In der Regel können nur so die Erfordernisse der DVGW W 551 (A) und der DIN 1988-200 [26] bezüglich Temperaturhaltung und Durchströmung eingehalten werden. Jeder Zirkulationsstrang ist mit einem Zirkulationsregulierventil zu versehen, jedoch nur, wenn die Installation aus mindestens zwei Strängen besteht.

Die notwendigen Regulierventile fungieren in den einzelnen Strängen der Zirkulation als kalkulierte hydraulische Widerstände. Sie sorgen damit für eine gleichmäßige Verteilung der durch die Zirkulationspumpen geförderten Volumenströme in alle Teilbereiche des Systems. Pumpenferne Zirkulationskreisläufe benötigen aufgrund Ihrer größeren Oberfläche (längere Rohrleitung, höherer Druckverlust), zur Temperaturhaltung einen deutlich höheren Volumenstrom als die pumpennahen Zirkulationsstränge. Pumpennahe Zirkulationskreise werden hierbei durch die Regulierventile gedrosselt, um auch in pumpenfernen Zirkulationskreisen für eine ausreichende Durchströmung und Temperaturhaltung zu sorgen.

Geeignete Regulierventile können sowohl statisch (feste Voreinstellung/Drosselstellung nach detaillierter Berechnung) als auch dynamisch (thermostatisch durch Dehnstoff-Elemente oder mittels Hilfsenergie) arbeiten. Ein thermisches Regulierventil drosselt jeweils zwischen den durch den Hersteller konstruktiv vorgegebenen Betriebstemperaturbereichen (z. B. 50 °C bis 65 °C) automatisch (z. B. thermisch gesteuert) den erforderlichen Volumenstrom zur Temperaturhaltung des Warmwassers in der Zirkulation. Die thermostatischen Zirkulationsregulierventile dürfen bei Erreichen der Sollwerttemperatur nicht schließen.

Die Temperaturverluste in der Warmwasserleitung und damit die notwendigen Volumenströme der Zirkulation sind jedoch unmittelbar abhängig von der Rohrleitungsoberfläche bzw. der Rohrleitungslänge. Das Durchschleifen von Warmwasserleitungen bis zur Entnahmestelle führt gegenüber einer klassischen

T-Stück-Installation zu einer deutlichen Erhöhung der Rohrleitungslänge. Durch eine Zirkulation bis zu den Entnahmestellen wird die wärmeabgebende Oberfläche des Rohrnetzes erheblich vergrößert. Damit in einem solchen Fall die Temperaturen im gesamten Zirkulationssystem oberhalb von 55 °C gehalten werden können, müssen höhere Zirkulationsvolumenströme fließen können als in konventionellen Anlagen. Selbst bei einer bestmöglichen Einregulierung muss davon ausgegangen werden, dass der Zirkulationsvolumenstrom mindestens doppelt so groß werden muss wie in konventionellen Zirkulationssystemen. Das Durchschleifen einer Warmwasserleitung führt also zu deutlich höheren Temperatur- und Energieverlusten.

Damit ein thermisch geregeltes Strangregulierventil Regelautorität besitzt, muss vor dem Ventil eine Mindestauskühlung stattfinden, die größer ist als die über den Mindest-Volumenstrom transportiere Energiemenge. Anders ausgedrückt: Ist die über den Mindest-Volumenstrom transportierte Wärmemenge größer als die Auskühlverluste vor dem Ventil, wird das Dehnstoffelement des Ventils niemals öffnen. In diesem Fall hätte das Ventil keine Regelautorität, sondern würde lediglich einen zusätzlichen, statischen Widerstand darstellen. Die erforderliche Leitungslänge, basierend auf einer durchschnittlichen Auskühlung bzw. einem durchschnittlichen Temperaturverlust gem. EnEV bei 100 % Dämmstärke verdeckter Leitungen (7 W/m), lässt sich damit also berechnen nach der Formel

$$m \times c \times \Delta\vartheta = Q,$$

wobei

m = 0,1 m³/h (100 Kg/h) Mindestvolumenstrom des Regulierventils

c = 1,163 Wh/Kg × K

$\Delta\vartheta$ = 2,5 K Temperaturdifferenz zwischen dem Ausgang des Trinkwassererwärmers und der Entnahmestelle (halbe Strecke; 5 K bis zum Wiedereintritt in den TWE)

Damit ergibt sich folgende Berechnung:

$$100\ \text{Kg/h} \times 1{,}163\ \text{Wh/(Kg} \times \text{K)} \times 2{,}5\ \text{K} = 290{,}75\ \text{W}$$

$$290{,}75\ \text{W} \div 7\ \text{W/m} = 41{,}5\ \text{m}$$

Damit ein thermostatisches Regulierventil also eine Regelautorität besitzen und öffnen kann, ist – basierend auf einem durchschnittlichen Temperaturverlust von 7 W/m – die Auskühlung einer Leitungslänge von mindestens 42 m (als Summe der Leitungslänge PWH + PWH-C vor dem Regulierventil) in der Teilstrecke notwendig.

Ist die Teilstrecke kürzer, stellt sich keine Regelautorität ein, das Ventil würde nicht öffnen, sondern ständig im „geschlossenen" Zustand verbleiben. Der nach DVGW W 554 (P) definierte Mindest-Volumenstrom würde bereits ausreichen, um die Temperaturverluste kürzerer Verteilstrecken auszugleichen.

Auch thermostatische Regulierventile sind auf die jeweils benötigte Temperatureinstellung einzuregulieren. Regulierventile am Fußpunkt der weitestentfernten Stränge benötigen hierbei eine höhere Temperatureinstellung, da im Fließweg der Sammelleitung mit einem weiteren Temperaturverlust zu rechnen ist. Pumpennahe Regulierventile können entsprechend auf einer niedrigeren Sollwert-Einstellung betrieben werden.

5.6.7 Kennzeichnung und Zugänglichkeit

5.6.7 Kennzeichnung und Zugänglichkeit

Die Kennzeichnung und Zugänglichkeit aller Komponenten in der Trinkwasser-Installation zu Instandhaltungs- und Bedienungszwecken ist zu prüfen. In die Überprüfung muss die korrekte Kennzeichnung von Leitungen, Armaturen oder Entnahmestellen unterschiedlicher Versorgungssysteme einbezogen werden. Eine Identifizierung der unterschiedlichen Temperaturbereiche (PWC, PWH, PWH-C) sollte durch die Beschilderung gegeben sein; ebenso müssen Leitungen, die Trinkwasser und Betriebswasser (Nichttrinkwasser) führen, unterschieden sein. Siehe hierzu auch § 17 Absatz 6 TrinkwV [10].

Die Absperr-, Entleerungs- sowie Sicherheits- und Sicherungseinrichtungen müssen nach DIN 1988-200 Punkt 7.1 [26] so angebracht sein, dass sie jederzeit zugänglich und leicht bedienbar sind. Auch sämtliche Entnahmestellen müssen erreichbar und zugänglich sein. Der Zugang zu diesen Anlagenteilen darf nicht durch Lagergut, Möbel, Verkleidungen, Putzmaterial usw. versperrt sein.

Die UBA-Empfehlung zur systemischen Untersuchung auf Legionellen fordert zusätzlich in Kapitel 4 Abs. 6, dass bei Probennahmearmaturen auf einfache Zugänglichkeit zu achten ist.

Um eine technische Anlage ordnungsgemäß bedienen oder instand halten zu können, müssen Anlagenteile, die einer regelmäßigen Instandhaltung bedürfen (z. B. Wasserzähler, Rückflussverhinderer, Filter, Sicherungseinrichtungen usw.) oder zur Kontrolle und Wartung vorgesehen sind (z. B. Druckmessgeräte und Thermometer), sowie sämtliche Bedienungselemente (z. B. Absperrarmaturen) jederzeit zugänglich und ohne Schwierigkeiten zu erreichen sein. Der

Zugang zu solchen Anlagenteilen darf nicht versperrt sein, da im Schadensfall z. B. ein Absperren der betroffenen Leitungsteile nicht möglich ist.

Durch die Installation unter der Decke in teilweise großer Höhe oder in beengten Verhältnissen können notwendige Wartungs- und Instandsetzungsarbeiten nur schwer durchgeführt werden. Im Schadensfall (z. B. Rohrbruch) könnten Absperrventile nicht schnell genug bedient werden.

Die Kennzeichnung der Rohrleitungen muss gem. § 17 Abs. 6 TrinkwV [10] und entsprechend DIN 1988-200 Kapitel 8.2 [26] nach DIN 2403 mit einer grün-weiß-grünen Farbmarkierung erfolgen. Die Fließrichtung ist mit einem weißen Pfeil anzugeben. Die Kennzeichnung ist verpflichtend

- in gewerblichen Gebäuden
- in Gebäuden, in denen verschiedene Medien rohrleitungsgebunden geführt werden, auch wenn es sich hierbei um eine häusliche Nutzung handelt.

Verordnung über die Qualität von Wasser für den menschlichen Gebrauch (TrinkwV [10])

§ 17 Anzeigepflichten

(6) Der Unternehmer und der sonstige Inhaber einer Wasserversorgungsanlage nach § 3 Nummer 2 haben die Leitungen unterschiedlicher Versorgungssysteme beim Einbau dauerhaft farblich unterschiedlich zu kennzeichnen oder kennzeichnen zu lassen.

Sie haben Entnahmestellen von Wasser, das nicht für den menschlichen Gebrauch nach § 3 Nummer 1 bestimmt ist, bei der Errichtung dauerhaft als solche zu kennzeichnen oder kennzeichnen zu lassen und erforderlichenfalls gegen nicht bestimmungsgemäßen Gebrauch zu sichern.

5.6.8 Werkstoff- und Produkteigenschaften, Eignung von Bauteilen

5.6.8 Werkstoff- und Produkteigenschaften, Eignung von Bauteilen

Es ist zu prüfen, ob die eingesetzten Materialien von Rohrleitungen, Armaturen, Apparaten und sonstigen Einbauten über den Nachweis einer anerkannten Zertifizierungsstelle verfügen, die eine Eignung der verwendeten Materialien beim Einsatz in Trinkwasser-Installationen bescheinigt. Es dürfen nach § 17 TrinkwV [10] nur geeignete Materialien verwendet werden. Beim Einsatz verschiedener Werkstoffe in der Trinkwasser-Installation sind die Fließregel und die sich daraus unter Umständen ergebene erhöhte Korrosions-, Degradations- und Alterungswahrscheinlichkeit von Anlagenbauteilen zu beachten.

Ebenso ist auf die Einhaltung der vorgegebenen Instandhaltungszyklen zu achten. Siehe hierzu auch DIN EN 806-5 sowie VDI 3810 Blatt 2.

Bereits unter Punkt 5.6.2 wurde ausführlich auf die unterschiedlichen Leitungsmaterialien eingegangen. Ob die Anlagenteile im Bestand (z. B. Absperrschieber, Zapfventile, Entleerungsventile, Entnahmearmaturen) nach heutigen Anforderungen für den Einsatz im Trinkwasserbereich geeignet sind, kann oftmals nicht mit Sicherheit bestimmt werden, da hierzu detaillierte metallurgische/chemische Analysen nötig wären.

Nach § 17 TrinkwV [10] dürfen für Neuinstallationen und für die Instandhaltung von Anlagen für die Verteilung von Trinkwasser nur Materialien und Werkstoffe eingesetzt werden, die ausdrücklich für Trinkwasser geeignet sind. Sie dürfen das Wasser nicht nachteilig verändern, den Geruch oder Geschmack des Wassers verändern oder Stoffe in vermeidbaren Konzentrationen ans Trinkwasser abgeben.

Organische Materialien müssen den jeweils aktuellen Leitlinien des Umweltbundesamtes zur hygienischen Beurteilung von Materialien im Kontakt mit Trinkwasser, Gummi aus Natur- und Synthesekautschuk (KTW-Empfehlung) entsprechen. Zusätzlich müssen die mikrobiologischen Anforderungen in DVGW W 270 (A) erfüllt sein.

Bauteile aus Werkstoffen, die für Trinkwasser nicht geeignet sind (einfache Messing-Legierungen, Silber, Blei, Nickelüberzüge u. Ä.) können zu Korrosionsschäden führen und gesundheitsschädliche Schwermetalle ans Trinkwasser abgeben. Armaturen und Bauteile, deren Verwendung für den Einsatz in Heizungs-, Druckluft- oder Gasinstallationen vorgesehen ist, erfüllen die Voraussetzungen für eine Anwendung in Trinkwasser-Installationen in der Regel nicht, da zu diesen Verwendungszwecken ein niedrigerer Qualitätsstandard ausreichend ist. Bauteile für Heizungs- oder Gasinstallationen dürfen dementsprechend niemals in der Trinkwasser-Installation Verwendung finden.

Flexible Schläuche dürfen gem. DIN EN 806-2 zum Ausgleich von Längen- und Winkeländerungen eingesetzt werden, wenn sie für die zu erwartenden Betriebsbedingungen ausgelegt wurden. Flexible Schlauchleitungen müssen DVGW W 543 (P) entsprechen. Schläuche der Gruppen I und II nach DVGW W 543 müssen leicht zugänglich sein. Eine Absperrarmatur ist in Strömungsrichtung unmittelbar vor dem Schlauchanschluss für einen Apparat einzubauen. Die Länge von Anschluss-Schläuchen sollte nicht mehr als 2,0 m betragen. Schlauchleitungen, die nicht den Anforderungen nach DVGW W 543 (P) entsprechen, sind mikrobiell nicht unbedenklich, da die Werkstoffe ggf. das Wachstum von Mikroorganismen im Trinkwasser fördern oder organische Stoffe aus den Werkstoffen an das Trinkwasser abgeben (Nahrungsgrundlage für Mikroorganismen) bzw. das Trinkwasser in Geruch oder Geschmack nachteilig beeinflussen.

Reinigungsschläuche sind übrigens nach jeder Verwendung von der Entnahmestelle zu entfernen und sollen entleert, trocken sowie sauber gelagert werden.

Als Leitungsarmaturen dürfen Armaturen mit einem Schließvorgang auf/zu von 90° Drehung, z.B. Kugelhähne, Klappen u. dgl., gem. DIN 1988-200 [26] nur dann verwendet werden, wenn sie als kurzzeitige Absperrorgane für Wartungsarbeiten dienen. Entsprechende Bauteile sind als dauerhafte Leitungsabsperrungen ungeeignet. Schnellschlussarmaturen, z.B. Kugelhähne, sind als Entnahmearmaturen nicht zugelassen. Wiederholtes Öffnen und Schließen kann Druckschläge erzeugen, die zu Schäden an der Installation führen können. Dauerhaft verschlossene Kugelhähne beinhalten zudem in der Kugel stagnierendes Wasser. Wird der Kugelhahn nach längerer Zeit wieder geöffnet, wird das stagnierende Wasser in die Installation gespült.

Unterbrechungseinrichtungen an Handbrausen mit Brauseschläuchen als Ausrüstung und Ergänzung von nicht eigensicheren Sanitärarmaturen für den Anschluss nach dem Absperrorgan der Sanitärarmatur sind gem. DIN 1988-200 Punkt 9.5 [26] nicht zulässig. Bei Reinigungsbrausen mit Unterbrechungseinrichtung oder an Reinigungsschläuchen nach den Absperreinrichtungen (z.B. Küche) kann es zu mechanischen Schäden aufgrund von Druckschlägen durch schnell schließende Unterbrechungseinrichtungen kommen und zudem zu Schäden am Leitungssystem. Solche Armaturen mit Unterbrechungseinrichtung jedoch ohne geeignete Rückflussverhinderer, die einen unzulässigen Übertritt verhindern, müssen als für den Einsatz ungeeignet bewertet werden.

5.6.9 Sicherungseinrichtungen

5.6.9 Sicherungseinrichtungen

Hinsichtlich der Gefährdung durch Rückfließen, Rücksaugen und Rückdrücken von verunreinigtem Wasser in die Trinkwasser-Installation ist nach DIN EN 1717 in Verbindung mit DIN 1988-100 insbesondere zu überprüfen:

- Verfügt die Trinkwasser-Installation über einen freien Ablauf beim Anschluss an Entwässerungsleitungen (z. B. bei Sicherheitsventilen, thermischen Ablaufsicherungen o-der rückspülbaren Filtern)?
- Ist die Verbindung der öffentlichen Trinkwasserversorgung mit einer anderen Trinkwasseranlage oder einem Versorgungssystem für Nichttrinkwasser über eine jeweils geeignete Sicherungseinrichtung gegenüber der individuellen Flüssigkeitskategorie nach DIN EN 1717 ausgeführt (§ 17 Absatz 6 TrinkwV [10])?
- Kann das Rücksaugen/Rückdrücken von Flüssigkeit der Kategorie 2 bis Kategorie 5 nach DIN EN 1717 in die Trinkwasser-Installation ausgeschlossen werden (z. B. Anschluss an Trinkwassererwärmer, Heizungsanlage, Löschwasseranlagen, angeschlossene Apparate, Verbindung zu Betriebswasseranlagen)?
- Ist bei Rückbau unzulässiger Sammelsicherungen die Rohrleitung bis zum durchströmten Rohr zurückgebaut worden und wurden alle Anschlüsse und Entnahmearmaturen des jeweiligen Strangs als eigensichere Anschlüsse ausgeführt oder umgerüstet?

Wichtiger Hinweis

Da Sammelsicherungen nach DIN 1988-100 nicht mehr zulässig sind, bieten Rohrbelüfter mit Spüleinrichtung keinen vollwertigen Ersatz für den Rückbau von Stagnationsstrecken. Rohrbelüfter mit Spülfunktion dürfen lediglich zeitlich befristet zur Vermeidung von Stagnation bis zum Abschluss der notwendigen Sanierung eingesetzt werden.

Eine wesentliche Voraussetzung für den dauerhaft hygienisch einwandfreien Betrieb von Trinkwasser-Installationen ist daher der Schutz der Trinkwasserqualität gegen Verunreinigung durch Vermischung mit anderen Stoffen, Flüssigkeiten oder Bakterien. Niemals darf eine Trinkwasser-Installation unmittelbar und ohne eine geeignete Sicherungseinrichtung mit anderen Systemen oder Apparaten verbunden werden, in denen sich Nichttrinkwasser befindet. Dieser Anspruch gilt generell und bei jedem Anschluss an die Trinkwasser-Installation, d. h. sowohl für fest angeschlossene Kaffeevollautomaten, für den

Heizungsfüllanschluss im Keller oder für den Anschluss von Feuerlösch- und Brandschutzanlagen. Insbesondere für den Anschluss von Viehtränken, z. B. in der Landwirtschaft, wurde vom DVGW eine eigene twin (Trinkwasser Information) Nr. 13 verfasst und 2018 veröffentlicht.

Die Qualität des Trinkwassers ist also gegen Verunreinigungen durch hydraulische Vermischung (Rückfließen, Rücksaugen und Rückdrücken oder Rückwachsen von Mikroorganismen) mit Wasser aus angeschlossenen Apparaten und Systemen, in denen sich Nichttrinkwasser befindet, zu schützen. § 17 Abs. 6 TrinkwV [10] legt dazu generell fest, dass Wasserversorgungsanlagen, aus denen Trinkwasser abgegeben wird, nicht ohne eine den allgemein anerkannten Regeln der Technik entsprechende Sicherungseinrichtung mit Wasser führenden Teilen, in denen sich Wasser befindet oder fortgeleitet wird, das nicht für den menschlichen Gebrauch im Sinne des § 3 Nummer 1 bestimmt ist, verbunden werden dürfen. Jede der hier geforderten Sicherungseinrichtung besteht aus der Sicherungsarmatur und den notwendigen Zubehörteilen, die für ihre ordnungsgemäße Funktion und für die Inspektion und Wartung (z. B. Ventile, Siebe usw.) benötigt werden.

Die in diesem Zusammenhang anzuwendende a. a. R. d. T. ist DIN EN 1717 [23], als europäisch einheitliche Grundlage. Sie gilt in Deutschland zusammen mit den ergänzenden nationalen Festlegungen der DIN 1988 Teil 100.

Oftmals werden in Fachkreisen Diskussionen geführt aufgrund von Widersprüchen zwischen der europäischen Grundlage und der nationalen Erweiterung. Die Mitgliedsstaaten müssen Europäische Normen unverändert in das nationale Regelwerk übernehmen. Es steht den Mitgliedsstaaten jedoch frei, die unveränderte Fassung durch nationale Vorworte zu ergänzen und durch nationale Ergänzungen zu verschärfen. Diese können auch im jeweiligen Mitgliedsstaat normativ sein. Nationale Ergänzungen dürfen die Anforderungen der europäischen Norm durchaus verschärfen, sie jedoch nicht abschwächen; nationale Ergänzungen müssen ein mindestens gleichwertiges Schutzniveau erreichen wie die europäischen Anforderungen. Bei den vorliegenden Normen handelt es sich um Anwendungsnormen, sodass durch die nationale Anwendung der DIN 1988-100 auch keine Handelshemmnisse zwischen Marktpartnern innerhalb der EU aufgebaut werden.

Die europäischen Arbeitsergebnisse erreichen jedoch oft nicht die für die deutschen Anwenderkreise erforderliche Normungstiefe und somit ergab sich die Notwendigkeit, deutsche Ergänzungsnormen zu erarbeiten. DIN EN 1717 [23], als deutsche Fassung der EN 1717, wurde dementsprechend um ein nationales Vorwort ergänzt.

DIN EN 1717: Schutz des Trinkwassers vor Verunreinigungen in Trinkwasser-Installationen und allgemeine Anforderungen an Sicherungseinrichtungen zur Verhütung von Trinkwasserverunreinigungen durch Rückfließen [23]

Nationales Vorwort

(...) Die Neuausgabe der DIN EN 1717 und die Veröffentlichung der DIN 1988-100, die beide gemeinsam anzuwenden sind, führt zu einer Anhebung des Status der bislang im Nationalen Anhang NA zur Vorgängerfassung der Norm enthaltenen informativen Planungs- und Ausführungshilfen und zur Streichung des Nationalen Anhangs NB, womit man der von den entsprechenden Fachkreisen geäußerten Forderungen nach klaren und dem aktuellen Stand der Technik angepassten Festlegungen gerecht wird. (...)

DIN 1988-100 ist damit als nationale Ergänzung zur europäisch einheitlichen EN 1717 geschaffen worden, im Sinne einer nationalen Verschärfung; beide Normen sind nur gemeinsam anzuwenden. Damit ergibt sich, dass beispielsweise die Abschwächungen im häuslichen Gebrauch der EN 1717 (Ausnahmetabelle 3, Punkt 6.1) durch die sinnvollen, höheren Anforderungen der DIN 1988-100 in Tabelle A.1 ergänzt bzw. verschärft wurden. Sinnlogisch ist auch im Vorwort der DIN 1988-100 zu lesen: „DIN 1988-100 ist nur zusammen mit DIN EN 1717:2011-08 anzuwenden". Demgemäß kann es also gar keine Diskussion „diese Norm ist wichtiger als die andere" geben, die Normen sind in Deutschland ausschließlich gemeinsam anzuwenden, die nationalen Anforderungen der DIN 1988-100 ergänzen die europäischen Grundlagen der EN 1717 für die Anwendung in Deutschland.

Bei nicht normgerechter Installation oder nicht bestimmungsgemäßem Betrieb angeschlossener Apparate kann das Trinkwasser verändert werden, sodass es zu einer Beeinträchtigung oder Gefährdung kommen kann. Beeinträchtigung liegt bei einer Veränderung der Trinkwassergüte vor, die keine Gefährdung der Gesundheit bedeutet. Gefährdung liegt bei einer Veränderung der Trinkwassergüte vor, die dazu führen kann, dass eine Schädigung der Gesundheit zu besorgen ist.

Die Veränderungen des Trinkwassers können direkte oder indirekte Auswirkungen auf die Verbraucher haben; Wenn z.B. Apparate mit Betriebs- oder Hilfsstoffen betrieben und an Trinkwasserleitungen angeschlossen oder in sie eingebaut sind, besteht die Möglichkeit, dass bei einem Schaden Stoffe aus diesen Apparaten in das Trinkwasser gelangen. Diese Stoffe können zu einer direkten Beeinträchtigung oder Gefährdung des Verbrauchers führen, wenn das Wasser nach dem Verlassen des Apparates noch als Trinkwasser genutzt wird (z.B. Trinkwassererwärmer). Auch wenn das den Apparat verlassende Wasser nicht als Trinkwasser genutzt wird, kann eine Beeinträchtigung oder Gefährdung des Verbrauchers auftreten.

Stoffe aus einem defekten Apparat können bei Störungen (z.B. Druckmangel, Rohrbruch) zurückfließen und nach Behebung dieser Störung in dem Trinkwasser, das der Verbraucher entnimmt, enthalten sein (z.B. ein Apparat, in dem Chemikalien mit Trinkwasser gelöst werden).

Der Grad der Sicherung und die Wirksamkeit der Sicherungseinrichtung, z.B. freier Auslauf, Belüftungsöffnungen oder eine mechanische Vorrichtung, hängen von der Kategorie des das Trinkwasser gefährdenden Fluids ab.

Alle Anschlüsse an die Trinkwasser-Installation werden heute gem. DIN EN 1717 [23] als ständige Anschlüsse angesehen.

Es muss also immer überlegt werden, wie gefährlich das angeschlossene Nichttrinkwasser, gegen das die Trinkwasserqualität geschützt werden muss, dem Nutzer tatsächlich werden kann. Würde beispielsweise aus einem fest angeschlossenen Kaffeeautomaten Espresso in die Trinkwasserleitung gedrückt, wäre das schlicht unangenehm – mehr nicht, denn hier besteht kein gesundheitliches Risiko. Handelte es sich bei dem rückdrückenden Nichttrinkwasser aber um eine Reinigungschemikalie aus einem Industriebetrieb, kann es schnell zu einer gefährlichen Situation kommen. Je gefährlicher das Nichttrinkwasser dem Nutzer der Installation werden kann, desto zuverlässiger muss die Absicherung des Trinkwassers gegen Verunreinigungen erfolgen.

DIN EN 1717 [23] ordnet entsprechend alle Flüssigkeiten europaweit in fünf Flüssigkeitskategorien ein, je nach Gefährdungsgrad für den Menschen:

Flüssigkeitskategorie 1: Wasser für den menschlichen Gebrauch, das direkt aus einer Trinkwasser-Installation entnommen wird. „Wasser für den menschlichen Gebrauch“ meint damit konkret Trinkwasser in den Grenzwerten und nach den Qualitätsanforderungen, die die Trinkwasserverordnung [10] in den Paragrafen 5 bis 7a festlegt, und es muss so beschaffen sein, dass eine Schädigung der Gesundheit nicht zu besorgen ist. Es muss bekanntlich kühl, klar, rein und zum Genuss anregend sein.

Flüssigkeitskategorie 2: Flüssigkeit, die keine Gefährdung der menschlichen Gesundheit darstellt. Flüssigkeiten, die für den menschlichen Gebrauch geeignet sind, einschließlich Wasser aus einer Trinkwasser-Installation, das eine Veränderung in Geschmack, Geruch, Farbe oder Temperatur (Erwärmung oder Abkühlung) aufweisen kann. In dieser Kategorie findet sich erwärmtes Trinkwasser, alle flüssigen Lebensmittel und Getränke, wie z.B. Kaffee oder Bier, und auch Trinkwasser, das in seiner chemischen Zusammensetzung verändert wurde durch Desinfektion oder Enthärtung. Das gilt auch dann, wenn nach der Wasserbehandlung noch immer die Grenzwerte der Trinkwasserverordnung eingehalten werden.

Flüssigkeitskategorie 3: Flüssigkeit, die eine leichte Gesundheitsgefährdung für Menschen durch die Anwesenheit einer oder mehrerer weniger giftiger Stoffe darstellt. Die Flüssigkeitskategorie 3 wird in Fachkreisen gerne als „Diarrhöe-Kategorie“ bezeichnet, da hier Flüssigkeiten definiert werden, die zwar zu einer leichten gesundheitlichen Beeinträchtigung führen können, bei denen jedoch keine konkrete Lebensgefahr besteht. Würde man beispielsweise ein Glas Wasser aus einem geschlossenen Heizungssystem ohne chemische Zusätze trinken oder aus einer häuslichen Badewanne nach der Benutzung, kann man vielleicht Magenschmerzen oder Durchfall bekommen, es besteht jedoch keine unmittelbare Lebensgefahr.

Flüssigkeitskategorie 4: Flüssigkeit, die eine erhebliche Gesundheitsgefährdung für Menschen durch die Anwesenheit einer oder mehrerer giftiger oder besonders giftiger Stoffe oder einer oder mehrerer radioaktiver, mutagener (erbgutbeeinträchtigender) oder kanzerogener (krebserregender) Substanzen darstellt. Die Flüssigkeitskategorie 4 fasst somit alle Flüssigkeiten zusammen, bei denen eine konkrete Lebensgefahr bei Kontakt oder Verschlucken möglich ist. Ein Heizungssystem, das mit chemischen Zusätzen zum Korrosionsschutz befüllt wurde beispielsweise, findet sich in dieser Kategorie wieder. Auch Kühlwasser aus einem Atomkraftwerk, Flüssigkeiten aus einem Chemiewerk oder selbst angeschlossene Hochdruckreiniger mit Reinigungsmittel können schon unter Umständen lebensgefährliche Risiken beinhalten.

Flüssigkeitskategorie 5: Flüssigkeit, die eine erhebliche Gesundheitsgefährdung für Menschen durch die Anwesenheit von mikrobiellen oder viruellen Erregern übertragbarer Krankheiten darstellt. Flüssigkeitskategorie 5 stellt die höchste Risikostufe dar. Besonders kritisch sind alle Anschlüsse von Trinkwasser an Flüssigkeiten mit möglichen fäkalen Verunreinigungen oder biologischen Ursprungs, z. B. Wasser aus der Körperreinigung, Schwimm- und Badebeckenwasser aus öffentlichen Anlagen mit häufigem Personenwechsel, bei Anschluss von Viehtränken oder wenn Verunreinigungen durch Speichel, Blut oder Gewebe aus medizinischen Einrichtungen denkbar sind. Diese Gefährdungen sind auch vielfältig anzutreffen bei Regenwassernutzungsanlagen durch Kot von Vögeln, in Kläranlagen oder bei Trinkwasserentnahmestellen in Schlachthöfen, medizinischen Einrichtungen oder Großküchen. Solche Anschlüsse und noch viele weitere bieten alle ein hohes Risikopotenzial für eine mikrobiologische Verunreinigung.

Adsorptive Filtereinheiten halten auch kleinste Partikel aus dem durchströmenden Wasser zurück. Diese organischen und anorganischen Partikel summieren sich auf den Filteroberflächen auf und bieten dort ideale Vermehrungsbedingungen für Mikroorganismen. Auch auf Aktivkohlefiltern und Membranoberflächen sammeln sich Wasserinhaltsstoffe bestimmungsgemäß an. Trotz regelmäßiger Membran-Spülungen lassen sich angesiedelte Filterkuchen oft nicht vollständig entfernen, sodass Membranfilteranlagen im Dead-End-Betrieb als hygienisches Risiko der Flüssigkeitskategorie 5 angesehen werden. Bei Druckschwankungen oder während Stillstandszeiten können Mikroorganismen von der Filteroberfläche auch gegen die Fließrichtung rückfließen/-wachsen und zu einer Kontamination der zuführenden Trinkwasser-Installation mit gesundheitlichen Beeinträchtigungen für die Nutzer führen.

In der DIN EN 1717 [23] kommt für die situationsbezogene Auswahl der Sicherungsarmaturen und -einrichtungen neben der Flüssigkeitskategorie noch eine weitere Abwägung hinzu: Es wird bei der Auswahl der Sicherungsarmatur auch die Installationssituation berücksichtigt, nämlich ob lediglich ein Rückfließen bzw. Rücksaugen oder sogar ein Rückdrücken des Nichttrinkwassers stattfinden kann oder ob es bei einem festen Anschluss zu einem Rückwachsen von Mikroorganismen kommen könnte. Unter diesem Gesichtspunkt erweisen sich einige Sicherheitseinrichtungen, die bei einem Rückfließen bzw. Rücksaugen bis zur Flüssigkeitskategorie 5 absichern dürfen, als untauglich, wenn mit einem Rückdrücken zu rechnen ist. Als Beispiel hierfür dient gerne der Rohrunterbrecher Typ DC, der vielfach in Druckspülern zu finden ist oder in Dusch-WC: Kommt es in der Trinkwasserleitung zu einem Rücksaugeffekt aufgrund von Druckschwankungen in der Installation, wird der Unterdruck über die Öffnungen in der Armatur, die als Verbindung zu Atmosphäre dienen, zuverlässig abgebaut. Ein Ansaugen von Nichttrinkwasser über den Rohrunterbrecher ist nicht möglich. Kommt es aber dazu, dass das Nichttrinkwasser – bedingt durch fehlerhaften Betrieb – unter Druck steht und in Richtung Trinkwasserleitung gegen die normale Fließrichtung zurückdrückt, spritzt zwar ein Teil des Nichttrinkwassers über die Löcher des Rohrunterbrechers aus der Leitung – es kann aber ein Eindringen von Nichttrinkwasser in die Trinkwasserleitung nicht verhindert werden.

Verbindung zu Abwasserleitungen

Wenn anzunehmen ist, dass bei bestimmungsgemäßem Betrieb eine Verunreinigung über die Sicherungseinrichtung ins Trinkwasser möglich ist (z. B. Freier Auslauf, Belüftungsöffnung), sind geeignete zusätzliche Sicherungsmaßnahmen vorzusehen. Alle Apparate, die mit der Trinkwasser-Installation verbunden sind und einen Anschluss an eine Entwässerungsleitung haben, müssen an diese mit einem freien Auslauf angeschlossen sein.

Ist die Trinkwasser-Installation mit Systemen zum Transport oder zur Ableitung von Flüssigkeiten unmittelbar verbunden, in denen die Anwesenheit von mikrobiellen oder viruellen Erregern übertragbarer Krankheiten nicht ausgeschlossen werden kann (Flüssigkeitskategorie 5, z.B. Abwasser, Löschwasser oder Unterflur-Beregnungsanlagen), kann es durch mikrobiologisches Wachstum zu einer Rückverkeimung der zuführenden Trinkwasser-Installation kommen.

Die Einleitung von Spülwasseranschluss und/oder Entlastungsleitungen usw. in das Abwassersystem ohne freie Fallstrecke von mindesten 20 mm stellt eine unmittelbare Verbindung zwischen Trinkwasser und einem Nichttrinkwassersystem der Flüssigkeitskategorie 5 her. Abwasseranschlüsse dürfen daher nur mittelbar über einen „freien Ablauf über einem Entwässerungsgegenstand" fortgeleitet werden, da es ansonsten bei Verstopfung oder Rückstau in der Abwasserleitung zu einer retrograden Verunreinigung der Trinkwasser-Installation mit Mikroorganismen aus dem Abwasser-System kommen kann.

Rohrbelüfter

Vielfach werden bei Ortsbesichtigungen in älteren Installationen noch die früher gebräuchlichen Rohrbe- und Entlüfter an der Trinkwasser-Installation vorgefunden. Diese Stagnationsstrecken zu entfernen ist meistens damit verbunden, die Fliesen und Wände zu öffnen, um die Leitung am letzten durchströmten T-Stück zu entfernen und Stagnationswasser zu verhindern. Um diesem Aufwand zu entgehen, werden seit einiger Zeit automatisch spülende Rohrbelüfter am Markt angeboten, die für einen regelmäßigen Wasseraustausch in diesem Teilstück sorgen sollen.

Gegenüber den früheren technischen Regelwerken sind gemäß DIN 1988-100 heute jedoch Sammelsicherungen an Steigleitungen, bestehend aus Rückflussverhinderer und Rohrbelüfter Bauform D oder E, nicht mehr als Sicherungseinrichtungen vorgesehen, sodass der Austausch eines Rohrbelüfters gegen einen anderen Rohrbelüfter keine technische Verbesserung hinsichtlich der Absicherung darstellt. Da nach DIN EN 1717 [23] eine Sammelsicherung auch nicht mehr zulässig ist, müssen trotz eines Spül-Rohrbelüfters sämtliche Entnahmestellen an diesem Strang konsequent als eigensichere Entnahmestellen ausgeführt werden. Hinzu kommt noch, dass an solchen Spül-Rohrbelüftern regelmäßig durch den Nutzer die Batterien getauscht werden müssen und dass gewährleistet sein muss, dass der Ablauftrichter überhaupt noch in der Lage ist, das anfallende Spülwasser abführen zu können.

Vielfacht wird auch argumentiert, dass man über die Spülfunktion des Rohrbelüfters einen „bestimmungsgemäßen Betrieb" herstellen kann. Eine bestimmungsgemäße Nutzung setzt jedoch eine gewisse Strömung über den gesamten Querschnitt bis an die Rohrwandung voraus mit einer Mindest-Fließgeschwindigkeit, damit Biofilm an der Wandung geringgehalten wird. Über das Spül-Röhrchen können die Werte einer „Spülung" jedoch nicht erreicht werden, es findet bestenfalls lediglich ein Austausch des Wasservolumens statt. Im Rohr befindlicher Biofilm wird hierbei nicht beeinflusst, vielmehr besteht die Besorgnis, dass durch den regelmäßigen Wasseraustausch mit geringen Strömungsbedingungen ständig Nährstoffe und Sauerstoff in die stagnierende Leitung transportiert werden, was ein Wachstum von Mikroorganismen in der Leitung eher begünstigen könnte.

Rohrbe- und Entlüfter sind also im Rahmen der technischen Verbesserung mitsamt der stagnierenden Leitung generell und vollständig zurückzubauen und alle Entnahmestellen am jeweiligen Strang müssen eigensicher ausgeführt sein. Die Installation von Spül-Rohrbelüftern ist kein Ersatz für den Rückbau der Stagnationsleitung.

Feuerlöschanlagen

Die Absicherung von Löschwasser wird zwischen den beiden beteiligten Interessengruppen (Brandschutz und Trinkwasserhygiene) kontrovers diskutiert. Einerseits fordern die Fachleute des vorbeugenden Brandschutzes, Wasser als wichtigstes Löschmittel ständig verfügbar zu haben, in möglichst passender Druckstufe und ausreichendem Volumen. Die Argumentation ist einleuchtend – Schutz von Leib und Leben der Bewohner. Andererseits fordern Trinkwasserhygieniker schlanke, kurze Installationen, keine Stagnation und kleine Querschnitte in den Rohrleitungen, um einen hygienischen Wasseraustausch zu gewährleisten. Auch hier ist die Argumentation schlüssig – Schutz der Gesundheit der Nutzer. Eine gesonderte Betrachtung ist daher bei Anschlüssen der Trinkwasser-Installation an Feuerlösch- und Brandschutzanlagen vorzunehmen.

Feuerlösch- und Brandschutzanlagen auf Grundstücken und in Gebäuden dienen dem Objektschutz im Sinne des DVGW W 405 (A). Die Anwendungstabelle A.1 der DIN 1988 Teil 100 verweist hinsichtlich der Absicherung von Feuerlösch- und Brandschutzanlagen in Zeile 19 auf den Teil 600 der aktuellen DIN 1988. Der Anschluss von Feuerlösch- und Brandschutzanlagen an Trinkwasser richtet sich demnach ausschließlich nach den Festlegungen der DIN 1988 Teil 600.

Da Feuerlöschanlagen „nass" nur im Brandfall durchflossen werden, ist durch die langen Stagnationszeiten damit zu rechnen, dass das Wasser hygienisch bedenklich wird. Sind solche Anlagen unmittelbar mit dem Trinkwasser verbunden, besteht eine ernsthafte Gefahr für die Qualität des Trinkwassers und damit für die Nutzer (Flüssigkeitskategorie 5).

Viele Ausführungen, die in den 70er- und 80er-Jahren noch durchaus eine Regel der Technik darstellten, sind heute rückblickend als falsch und mitunter sogar gefährlich erkannt worden. Daher wurde im Teil 600 der DIN 1988 unter Pkt. 5 auch festgelegt, dass es keinen Bestandsschutz gibt für Trinkwasser-Installationen in Verbindung mit Feuerlösch- und Brandschutzanlagen, wenn die Anforderungen der Trinkwasserverordnung nicht eingehalten werden. Ein Grundsatzurteil des Oberlandesgerichts Bremen aus 2012 sorgte hier aus juristischer Sicht für Klarheit mit der Urteilsbegründung (sinngemäß):

> „Bedingt durch Trinkwasserhygiene, die unmittelbar durch das Infektionsschutzgesetz und die Trinkwasserverordnung auf eine Gefahrenabwehr für Leib und Leben abzielt, ist dem Anschluss von Löschwasseranlagen ein besonderes Augenmerk entgegenzubringen. Löschwasseranlagen, die mit dem Trinkwassernetz verbunden sind und über eine unzulässige Sicherungseinrichtung verfügen, dürfen nach höchstrichterlicher Entscheidung in Ermangelung des Bestandsschutzes weder betrieben noch gewartet werden. Ausnahmegenehmigungen durch Dritte sind unzulässig." (Hanseatisches OLG Bremen, Az.: 2U 1/12 vom 18. Mai 2012).

Gemäß der Definition Punkt 3.5 der DIN 1988-600 ist eine Löschwasseranlage „nass" eine vom Trinkwasser getrennte Löschwasserleitung mit angeschlossenen Wandhydranten, die ständig mit Wasser gefüllt sind und unter Druck stehen und somit jederzeit einsatzbereit sind. Folgerichtig definiert DIN 1988-600 weiter unter Punkt 3.4.3.1, dass ein „Wandhydrant Typ F" ein für die Nutzung als Selbsthilfe und als Nutzung durch die Feuerwehr vorgesehener Wandhydrant ist, der nicht in einer Trinkwasser-Installation eingebunden ist. Die Löschwasserübergabestelle beinhaltet auch die notwendige Sicherungseinrichtung zum Schutz des Trinkwassers. Eine unmittelbare Verbindung zwischen Trinkwasser und der Feuerlöschanlage stellt eine Gefahr für die Beschaffenheit des Trinkwassers dar und ist damit spätestens im Rahmen einer Gefährdungsanalyse als gravierender Mangel aufzunehmen.

Für Löschwasseranlagen „nass" mit Wandhydranten Typ F sowie für Anlagen mit Wandhydranten Typ S, wenn hier der Trinkwasserbedarf kleiner ist als der Löschwasserbedarf (beide nach DIN 14462), oder für Anlagen mit zusätzlicher Einspeisemöglichkeit von Nichttrinkwasser ist demnach zur hygienisch sicheren Trennung ein freier Auslauf zwingend erforderlich. Nach DIN EN 1717 [23] sind diese Ausläufe als Typ AA oder AB bezeichnet. Ein freier Auslauf Typ AB findet sich in sogenannten Sicherheitstrennstationen, bestehend aus Vorlagebehälter, Druckerhöhungsanlage und Nachspeiseeinrichtung.

Sicherungsarmaturen, wie Systemtrenner oder Rohrtrenner, sind durch ihre unmittelbare Verbindung keine geeigneten Sicherungseinrichtungen für Löschwasserübergabestellen. Solche Sicherungsarmaturen dürfen nur bis max. Flüssigkeitskategorie 4 eingesetzt werden. Kommen aber mikrobiologische Verunreinigungen aufgrund von Stagnation ins Spiel, könnten z. B. Bakterien im Biofilm der Leitung auch gegen die Fließrichtung und durch die Sicherungsarmatur zurückwachsen.

Nach der Löschwasserübergabestelle (LWÜ) sind außer Löschwasserentnahmestellen keine weiteren Entnahmestellen mehr zulässig.

Weitere technisch-konstruktive und hygienische Anforderungen an die gemeinsame Zuleitung für Trinkwasser und Löschwasser, an die Einzelzuleitung zur Löschwasserübergabestelle, zu notwendigen Spülzyklen der Einzelzuleitung usw., Feuerlösch- und Brandschutzanlagen ergeben sich dann aus DIN 1988-600.

5.6.10 Anlagen zur Wasserbehandlung und Wasseraufbereitung

5.6.10 Anlagen zur Wasserbehandlung und Wasseraufbereitung

Vorhandene Anlagen zur Wasserbehandlung/Wasseraufbereitung sind hinsichtlich ihrer Notwendigkeit und Eignung, ihres Einsatzzwecks und ihrer Zulässigkeit zu überprüfen und einschließlich der notwendigen Dokumentation über Mindest- und Maximalkonzentrationen und der Reaktionsprodukte im Trinkwasser sowie dem Verbrauch von Aufbereitungsprodukten gemäß Liste des Umweltbundesamts auf Grundlage des § 11 TrinkwV [10] zu bewerten (z. B. Umgebungstemperatur, Einbauort, Instandhaltung).

Grundsätzlich bedarf unser Trinkwasser in der Hausinstallation keinerlei Aufbereitung oder „Verbesserung“. DIN 2000 legt als allgemein anerkannte Regel der Technik die generellen Leitsätze für die Wasserversorgung fest. Unter Punkt 6 wird hier u. a. ergänzend festgelegt, dass:

> „Trinkwasser an der Übergabestelle zur Trinkwasser-Installation so beschaffen sein muss, dass dieses an der Entnahmestelle beim Nutzer mindestens den gesetzlichen Anforderungen entspricht. Das setzt voraus, dass für dieses Trinkwasser geeignete Materialien, Werkstoffe und Produkte in der Trinkwasser-Installation verwendet werden. Eine weitere Behandlung des Trinkwassers in der Trinkwasser-Installation ist somit nicht erforderlich, es sei denn, dass dies im Einzelfall hygiene-medizinisch indiziert ist."

Auch das Umweltbundesamt konstatiert in seiner aktuellen Publikation „Trink was – Trinkwasser aus dem Hahn" (Stand Februar 2020), dass die zusätzliche Behandlung von Trinkwasser nicht notwendig ist. Hier wird durch die zuständige Fachbehörde die Aussage getroffen, dass eine zusätzliche Reinigung oder Behandlung des Trinkwassers, welches aus öffentlichen Wasserversorgungsanlagen stammt, im Gebäude in der Regel nicht notwendig ist. Plakativ wird im Gegensatz sogar die Aussage getroffen, dass Wasser mit einem höheren Kalzium- und Magnesiumgehalt, das als hart bezeichnet wird, gesundheitlich nicht schädlich, sondern positiv zu bewerten ist. Kalzium und Magnesium zählen zu den Mineralien, die im Mineralwasser gewünscht sind. Bei sehr hartem Wasser (Kalzium $\geq$ 2,5 mmol/l) sieht nach Auffassung der zuständigen Fachbehörde das technische Regelwerk (DIN 1988-200) [26] eine Enthärtung oder Stabilisierung vor, wenn das Warmwasser auf über 60 °C erwärmt wird. Eine Behandlung von Trinkwasser, das nicht erwärmt wird, ist hiernach überhaupt nicht vorgesehen.

Für bestimmte Funktionsbereiche des Krankenhauses können Trinkwasserbehandlungen allerdings erforderlich sein, z. B. Enthärtung, Entsäuerung, Entgasung, Destillation, Entmineralisierung, Filtration und Desinfektionsmaßnahmen. Neben den Rechtsvorschriften sind jedoch die Regeln der Technik zu berücksichtigen. Alle Trinkwasserbehandlungsanlagen im Krankenhaus, besonders die, die nach dem Ausfällungs-, Filtrations- oder Austauscherprinzip bzw. ähnlichen adsorptiven Verfahren arbeiten, sind nach der RKI-Richtlinie (KRINKO) [4] jedoch hygienische Schwachstellen in einer Wasserversorgung, da es dort zu Verunreinigungen und mikrobiologischer Ansiedlung bis zur Kontamination kommen kann. Das behandelte Trinkwasser darf die Gesundheit nicht beeinträchtigen (durch z. B. Pyrogene, Hydrazin, Haloforme). Hierauf ist vornehmlich in Bereichen zu achten, in denen das behandelte Wasser direkt oder indirekt mit Patienten in Kontakt kommt (z. B. Dialyse, Apotheke, Küche, Physiotherapie).

Wie bereits an anderer Stelle ausgeführt legt § 17 Trinkwasserverordnung fest, dass

> (1) Abs. 1 Anlagen für die Gewinnung, Aufbereitung oder Verteilung von Trinkwasser mindestens nach den allgemein anerkannten Regeln der Technik zu planen, zu bauen und zu betreiben sind.
>
> (2) Abs. 2 Werkstoffe und Materialien, die für die Neuerrichtung oder Instandhaltung von Anlagen für die Gewinnung, Aufbereitung oder Verteilung von Trinkwasser verwendet werden und Kontakt mit Trinkwasser haben, nicht
>
> 1. den nach dieser Verordnung vorgesehenen Schutz der menschlichen Gesundheit unmittelbar oder mittelbar mindern,
> 2. den Geruch oder den Geschmack des Wassers nachteilig verändern oder
> 3. Stoffe in Mengen ins Trinkwasser abgeben, die größer sind, als dies bei Einhaltung der allgemein anerkannten Regeln der Technik unvermeidbar ist.

Gemäß DIN 1988-200 [26] darf die Behandlung von Trinkwasser aus der öffentlichen Wasserversorgung mit Ausnahme des vorgeschriebenen mechanischen Filters am Hauswassereingang nur in begründeten Fällen erfolgen. Die Auswahl geeigneter Behandlungsmaßnahmen hat unter Berücksichtigung von Wasserbeschaffenheit, der verwendeten Werkstoffe und der vorgesehenen Betriebsbedingungen sowie unter Einhaltung des in § 6 Abs. 3 TrinkwV [10] geforderten Minimierungsgebotes zu erfolgen. Hier heißt es:

> „Konzentrationen von chemischen Stoffen, die das Trinkwasser verunreinigen oder seine Beschaffenheit nachteilig beeinflussen können, sollen so niedrig gehalten werden, wie dies nach den allgemein anerkannten Regeln der Technik mit vertretbarem Aufwand unter Berücksichtigung von Einzelfällen möglich ist."

Hiervon sind beispielsweise nicht nur chemische Desinfektionsanlagen, sondern auch herkömmliche Enthärtungsanlagen nach dem Ionentauscherprinzip betroffen, da bei einem Ionentauscher die Härtebildner Kalzium und Magnesium im Trinkwasser gegen Natrium ersetzt werden. Demnach wird die Zusammensetzung des Trinkwassers verändert und gesundheitliche Schäden aufgrund des höheren Natriumgehalts können im Einzelfall nicht ausgeschlossen werden. Sowohl das BayOLG München (a. a. O.) als auch das OLG Karlsruhe in seiner Entscheidung vom 30. 10. 1998 – 11Wx53/98 – haben angenommen, dass der Einbau einer Wasserenthärtungsanlage eine bauliche Veränderung darstellt, die der Zustimmung sämtlicher Wohnungseigentümer bedarf (hier reicht kein Mehrheitsbeschluss der WEG). Dies wurde in der Entscheidung des BayOLG damit begründet, dass nicht sicher auszuschließen ist, dass es zu einer Gefährdung der Gesundheit durch den Genuss des enthärteten Trinkwassers kommen kann. Danach wird die Zusammensetzung des Trinkwassers verändert und gesundheitliche Schäden können im Einzelfall nicht ausgeschlossen werden (Amtsgericht Rastatt Aktenzeichen: 20 c 187/16 Urteil v. 04.01.2017).

Aufgrund § 11 Abs. 1 TrinkwV [10] dürfen während der Gewinnung, Aufbereitung und Verteilung des Trinkwassers nur Aufbereitungsstoffe verwendet werden, die in einer Liste des Bundesministeriums für Gesundheit enthalten sind. Die vorgenannte Liste des Bundesministeriums für Gesundheit zu § 11 führt dazu einleitend aus: „Es dürfen nur Aufbereitungsstoffe (einschließlich ihrer Ionen, sofern diese durch Ionenaustauscher oder durch Elektrolyse zugeführt werden) zugesetzt werden, die notwendig sind, um mindestens eines der folgenden Aufbereitungsziele zu erreichen:

a) Entfernung von unerwünschten Stoffen aus dem Rohwasser durch die Aufbereitung im Wasserwerk.

b) Veränderung der Zusammensetzung des fortgeleiteten Wassers zur Einhaltung der Anforderungen an die Beschaffenheit des Trinkwassers im Verteilungsnetz bis zur Entnahmestelle beim Verbraucher. Die Anforderungen können über die Anforderungen der Trinkwasserverordnung hinausgehen, z. B. hinsichtlich der korrosionschemischen Eigenschaften. Die Veränderung der Wasserzusammensetzung schließt die weitergehende Aufbereitung zu technischen Zwecken (z. B. Enthärtung) mit ein.

c) Abtötung bzw. Inaktivierung von Krankheitserregern: bei der Wasseraufbereitung im Wasserwerk (Primärdesinfektion), bei der Verteilung des Trinkwassers auf festen Leitungswegen (Sekundärdesinfektion) sowie bei der Lagerung des Trinkwassers in Behältern (Sekundärdesinfektion).“

Im DVGW W 556 (A) wird ausgesagt, dass es aus Gründen des unmittelbaren Gesundheitsschutzes notwendig sein kann, vor und/oder während einer technischen Sanierung eine zeitlich befristete kontinuierliche Desinfektion des Trinkwassers vorzunehmen. (...) In keinem Fall ersetzt eine Desinfektion die Sanierung einer Trinkwasser-Installation. Ziel ist hierbei die zeitlich befristete Minimierung der Vermehrung von Krankheitserregern, bis eine Sanierung erfolgt und das Trinkwasser wieder einwandfrei ist. Bei einem Ausfall, einer Störung oder einer Unterbrechung der Desinfektion ist mit einem zügigen Anstieg der mikrobiellen Belastung zu rechnen, daher ist zu überprüfen, ob nicht andere Maßnahmen (z. B. endständige Filter) besser geeignet sind. Mit Inbetriebnahme der Desinfektionsmitteldosierung sind die Maßnahmen zur Sicherung der Wasserentnahme fortzuführen.

Im Fall einer kontinuierlichen Zugabe von chemischen Desinfektionsmitteln muss diese im Einklang mit der gültigen Trinkwasserverordnung erfolgen. Nach derzeitigem Kenntnisstand werden Legionellen dadurch nicht ausreichend beseitigt. Eine kontinuierliche Zugabe von desinfizierenden Chemikalien ist demnach gem. DVGW W 551 (A) nicht zweckmäßig. Eine permanente, prophylaktische, chemische/elektrochemische Desinfektion der Trinkwasser-Installationen ist weder notwendig noch sinnvoll. Eine permanente chemische Desinfektion des Trinkwassers bei gleichzeitiger Absenkung der Warmwassertemperatur mit dem Ziel einer Energieeinsparung entspricht zudem nicht den allgemein anerkannten Regeln der Technik und dem Minimierungsgebot nach § 6 der TrinkwV [10].

Während der Gewinnung, Aufbereitung und Verteilung des Trinkwassers dürfen gem. § 11 TrinkwV [10] nur Aufbereitungsstoffe verwendet werden, die in einer Liste des Bundesministeriums für Gesundheit enthalten sind, und es dürfen auch zur Desinfektion nur Verfahren zur Anwendung kommen, die einschl. der Einsatzbedingungen, die ihre hinreichende Wirksamkeit sicherstellen, in die Liste aufgenommen wurden. Die Liste wird vom Umweltbundesamt als sogenannte „UBA-Liste der zugelassenen Aufbereitungsstoffe und Desinfektionsverfahren zu § 11 TrinkwV [10]“ geführt.

Die in dieser Liste aufgeführten Bedingungen (u. a. zulässige minimale und maximale Konzentrationen von Desinfektionsmitteln, Untersuchungsumfang, Untersuchungshäufigkeit, Nebenproduktkonzentrationen) müssen entsprechend der Trinkwasserverordnung an jeder Entnahmestelle der Trinkwasser-Installation eingehalten werden. Eine Desinfektionsmittelzugabe des Wasserversorgers ist dabei zu berücksichtigen, um nicht versehentlich die Grenzwerte nach Trinkwasserverordnung zu überschreiten.

Es empfiehlt sich also immer, bereits im Vorfeld eine Messung im gelieferten Wasser an der Übergabestelle durchzuführen. Die Messungen zur Kontrolle der Konzentration hierzu müssen mindestens täglich erfolgen und im Betriebsbuch sind die Ergebnisse zu protokollieren, die Kontrolle der Verbrauchsmenge hat mindestens wöchentlich zu erfolgen.

Gemäß Punkt 4, Tabelle 1, Buchstabe d) der Liste der Aufbereitungsstoffe und Desinfektionsverfahren nach § 11 TrinkwV [10] sind bei Einsatz einer Enthärtungsanlage beispielsweise die zugesetzten Mengen des Regeneriersalzes (als Masse in kg) und die damit aufbereitete Wassermenge (als Volumen in m^3) bei jeder Ergänzung oder Neubefüllung des Salzvorrats zu kontrollieren und in einem Betriebsbuch zu dokumentieren.

Ein Verstoß gegen die Anforderungen dieser UBA-Liste kann unmittelbar als Straftat geahndet werden:

Verordnung über die Qualität von Wasser für den menschlichen Gebrauch (TrinkwV [10])

§ 24 Straftaten

Nach § 75 Absatz 2 und 4 des Infektionsschutzgesetzes wird bestraft, wer als Unternehmer oder als sonstiger Inhaber einer Wasserversorgungsanlage (...) oder, sofern die Abgabe im Rahmen einer gewerblichen oder öffentlichen Tätigkeit erfolgt, einer Wasserversorgungsanlage nach (...) Buchstabe e (...) vorsätzlich oder fahrlässig entgegen (...) § 11 Absatz 7 Satz 2 Wasser als Trinkwasser abgibt oder anderen zur Verfügung stellt.

Da diese Liste nicht abschließend ist und sich laufend ändert (gewöhnlich im jährlichen Rhythmus) heißt es für den Fachmann, sich zur Bewertung von Wasserbehandlungsanlagen ständig auf dem aktuellen Stand zu halten.

Die am häufigsten anzutreffenden Wasserbehandlungsanlagen sind Anlagen zur Enthärtung, entweder alleine oder in Kombination mit Dosiereinrichtungen zum Korrosionsschutz.

Einbauort

Der Anschluss von Trinkwasserbehandlungsgeräten an das Trinkwasser hat gem. DIN 1988-200 [26] nach DIN EN 1717 [23] i.V.m DIN 1988-100 zu erfolgen. Wasserbehandlungsanlagen dürfen nur in frostfreien Räumen aufgestellt werden, in denen die Umgebungstemperaturen von 25 °C nicht überschritten werden.

Die Enthärtung durch Ionenaustausch oder die Stabilisierung durch Kalkschutzgeräte haben ausschließlich im Kaltwasserzulauf zum Trinkwassererwärmer zu erfolgen.

Diese Anforderung wird in der Fachwelt kontrovers diskutiert, da beispielsweise die Hersteller von Anlagen zur Enthärtung gewöhnlich den Einbau am Hauswassereingang, unmittelbar nach der Wasserzähleinrichtung, propagieren, mit der Begründung, auch Kaffeemaschinen und Duschabtrennungen schützen zu wollen.

Die europäischen Arbeitsergebnisse der hier oft bezogenen DIN EN 806-Normenreihe erreichen aber nach eigener Aussage des DIN-Normenausschusses im Vorwort zur DIN 1988-200 [26] nicht die für die deutschen Anwenderkreise erforderliche Normungstiefe und somit ergab sich für den deutschen Normungsausschuss wieder die Notwendigkeit, deutsche Ergänzungsfestlegungen zu erarbeiten. DIN 1988-200 [26] ist damit als nationale Ergänzung zur europäisch einheitlichen EN 806-2 geschaffen worden, im Sinne einer nationalen Konkretisierung und Verschärfung.

Beide Normen sind nur gemeinsam anzuwenden, was bedeutet, dass der (als für die Anwendung in Deutschland unzulänglich erklärten) EN 806 keine alleinige Bedeutung zugemessen werden kann, sondern eben nur unter Beachtung der in der Normenreihe DIN 1988 festgelegten Ergänzungen, Anpassungen und Konkretisierungen. Aspekte zur Behandlung von Trinkwasser sind in EN 806-2, Anhang B, ohnehin nur rein informativ und damit nicht normativ – also unverbindlich – enthalten.

Beim Kaltwasserzulauf zum Trinkwassererwärmer handelt es sich unstreitig um die zur Trinkwassererwärmungsanlage führende Einzelzuleitung für kaltes Trinkwasser (PWC), in der nach Punkt 10 der Norm auch die sicherheitstechnische Ausrüstung installiert werden soll. Nach Bild 1 der DIN 1988-200 [26] unter Punkt 3.2.1 „Allgemeines“ wird die zuführende Leitung zwischen der Wasserzähleinrichtung am Hauswassereingang und der Zuleitung zur Trinkwassererwärmung daher korrekt als „7 – Sammelzuleitung“ bezeichnet. Damit ist eine Verwechslung mit der Kaltwasserzuleitung zur Trinkwassererwärmungsanlage ausgeschlossen.

Das LG München I hat in seinem Beschluss zu einem einschlägigen streitigen Verfahren zwischen einem Hersteller von Wasserbehandlungsanlagen und einem Sachverständigen (Az. 3 HK O 9066/20 v. 03.08.2020) zu ebendieser Frage des Einbauorts von Enthärtungsanlagen sehr klar Stellung bezogen:

> „(...) Die Antragstellerin (Anm.: das Herstellerunternehmen) behauptet zwar, dass sich aus dieser Regelung in Verbindung mit dem Schaubild, welches dem Art. 3.2.1 der DIN 1988-200 entnommen ist, ergeben würde, dass der in Art. 12. 1 der DIN 1988-200 angesprochene Einbauort die in der Antragsschrift markierte Stelle sei, nämlich unmittelbar hinter dem Hauswassereingang.
>
> Dies ist jedoch ersichtlich nicht zutreffend.
>
> Die von der Antragstellerin bezeichnete Stelle trägt in dem Schaubild die Ziffer 7, was laut Legende die Sammelzuleitung bezeichnet. Die weitere dort befindliche Bezeichnung PWC bedeutet Kaltwasser (Potable Water Cold). Diese Bezeichnung erscheint allerdings in dem Schaubild mehrfach, nämlich entweder als Bezeichnung der Sammelzuleitung oder aber als

> Zuleitung zu Kaltwasserverbrauchern. Die Warmwasser-führende Leitung wird in dem Schaubild analog als PWH (Potable Water Hot) bezeichnet.
>
> Es ist daher ohne weiteres ersichtlich, dass es sich bei dem in Art. 12.1 genannten Kaltwasserzulauf zum Trinkwasserwärmer nicht um die Sammelzuleitung handeln kann (obwohl diese auch unstreitig Kaltwasser führt), sondern um die jeweilige Einzelzuleitung, die nur zum Trinkwasserwärmer führt. Die von der Antragstellerin eingezeichnete Stelle kann damit nicht gemeint sein, da diese nicht nur zum Trinkwassererwärmer führt, sondern als Sammelleitung auch zu Kaltwasserverbrauchern. (...)
>
> Die ergänzende DIN-Mitteilung des Normungsausschusses NA 119-07-07 AA besitzt keine Rechtsverbindlichkeit, genauso wenig die technische Mitteilung der Bundesvereinigung der Firmen im Gas- und Wasserfach e.V. (figawa) aus dem Mai 2020. (...)“.

Die normativen Anforderungen nach Punkt 12.1 der DIN 1988-200 [26] haben demnach Bestand, d.h. die beschriebenen Behandlungsmaßnahmen für die Dosierung von Polyphosphaten, die Enthärtung durch Ionenaustausch und die Stabilisierung durch Kalkschutzgeräte haben im Kaltwasserzulauf zum Trinkwassererwärmer zu erfolgen.

Ein Wasser befindet sich, einfach ausgedrückt, im sogenannten Kalkkohlensäure-Gleichgewicht, wenn es genau so viel Kohlenstoffdioxid enthält, dass es gerade keinen Kalk abscheidet, aber auch keinen Kalk lösen kann. Wird einem solchen Wasser Kohlenstoffdioxid entzogen, bilden sich schwer lösliche Verbindungen wie Calcit und Dolomit als besonders schwer lösliches Mischcarbonat (Kesselstein, Seekreide). Aufgrund der Temperaturabhängigkeit dieses Gleichgewichtssystems bilden sich Ablagerungen bei der Bereitung von Heißwasser (Warmwasseranlagen, Kaffeemaschinen, Kochtöpfe).

Angeliefertes Kaltwasser (PWC) am Hauswassereingang ist gewöhnlich im Kalk-Kohlensäure-Gleichgewicht und muss nicht enthärtet werden, solange dieses Gleichgewicht nicht gestört wird. Zum Schutz einer Kaffeemaschine oder gegen Wasserflecken auf Armaturen wäre eine solche Anlage zentral am Hauswassereingang und damit die Enthärtung der gesamten Wassermenge zweckfremd und überdimensioniert. Erst im erwärmten Trinkwasser (PWH) wird das Gleichgewicht durch die Erwärmung gestört, Kohlendioxid entgast und der bislang gelöste Kalk lagert sich an. Bei einer Enthärtung von Kaltwasser wird das Gleichgewicht jedoch ebenso gestört, es bleibt ein Überschuss an freier Kohlensäure, das Wasser kann aggressiv werden und ggf. müssen, z.B. bei Leitungen aus verzinktem Stahl, zusätzliche Maßnahmen zum Korrosionsschutz durch Zugabe weiterer Chemikalien in das Trinkwasser getroffen werden.

Selbstverständlich gibt es zu dieser Anforderung auch sinnvolle Ausnahmen im Sinne des § 6 TrinkwV [10] „... unter Berücksichtigung von Einzelfällen ...“ und des Punkt 12.1 Abs. 2 „... nur in begründeten Fällen ...“, z. B. bei dezentraler Trinkwassererwärmung über einzelne Durchfluss-Trinkwassererwärmer. Hier wäre es völlig unverhältnismäßig, in einem 12-Familien-Haus auch 12 ggf. winzige Enthärtungsanlagen in die gewöhnlich dort sehr kurze Einzelzuleitung zur Trinkwassererwärmung zu installieren. In solchen seltenen Fällen kann eine Enthärtungsanlage, sofern notwendig und sinnvoll, auch zentral in die PWC-Verteilleitung installiert werden, um die Wärmetauscher gegen Steinbildung zu schützen.

Die Norm DIN 1988-200 [26] sagt zudem unter Punkt 12.3.2 aus:

> „(...) Die Neigung des Wassers zur Kalkabscheidung wächst jedoch mit steigender Wassertemperatur. Für den Fall, dass Steinbildung zu erwarten ist, kann eine Trinkwasserbehandlung in Betracht gezogen werden, z. B. Wasserenthärtung durch Ionenaustausch nach 12.6, Dosierung von Chemikalien nach 12.5 oder mittels Kalkschutzgeräte nach 12.7. In Tabelle 6 werden für Trinkwassererwärmer Hinweise für Wasserbehandlungsmaßnahmen in Abhängigkeit von der Kalziumcarbonat-Massenkonzentration des Trinkwassers kalt sowie der mittleren Temperatur des Trinkwassers warm δ (Reglertemperatur) gegeben.“

Im Kontext des vollständigen Absatzes wird dann klar, dass mit dem Satz „Für den Fall, dass Steinbildung zu erwarten ist, kann eine Trinkwasserbehandlung in Betracht gezogen werden ...“ erwärmtes Trinkwasser gemeint ist. Es muss ergänzend erwähnt werden, dass nach der gleichen Norm eine Temperatur des erwärmten Trinkwassers von 60 °C gefordert ist. Hier heißt es unter Punkt 9.7.2.3: „Die Einstellung der Reglertemperatur am Trinkwassererwärmer ist auf 60 °C vorzusehen.“

In der vorgenannten Tabelle 6 der DIN 1988-200 [26] werden nun Hinweise für Wasserbehandlungsmaßnahmen für die Trinkwassererwärmer gegeben (nicht für das Kaltwasser in der Hausinstallation). Demnach ist für Trinkwassererwärmer, die nach den Anforderungen dieser Norm im Normalbetrieb mit Temperaturen von 60 °C betrieben werden,

- bei einer Kalziumcarbonat-Massenkonzentration in mmol/l $< 1{,}5$ gar keine Behandlungsmaßnahme vorgesehen;
- bei $\geq 1{,}5$ bis $\leq 2{,}5$ (entspricht einer Härte von bis zu 14 °dH) wird ebenfalls noch keine Maßnahme vorgesehen oder evtl. kann eine Enthärtung in Betracht gezogen werden und

- erst bei einer Härte ≥ 2,5 mmol/l (entspricht ≥ 14 °dH) wird eine Enthärtung zum Schutz des Trinkwassererwärmers lediglich empfohlen, jedoch nicht gefordert.

Bei unüblichen Betriebstemperaturen des Trinkwassers > 60 °C und einer mittleren Härte von bis zu 14 °dH wird eine Enthärtung ebenfalls lediglich empfohlen und erst bei hoher Härte > 14 °dH und gleichzeitig unüblich hohen Temperaturen > 60 °C wird eine Enthärtung nach dieser Norm vorgesehen.

Damit ist ebenfalls klar ersichtlich, dass es sich bei den Angaben der Norm ausschließlich um die Behandlung von Trinkwasser, welches erwärmt werden soll, handelt und eben nicht um das gesamte Trinkwasser einschließlich des kalten Trinkwassers, das dann zur Zubereitung von Nahrungsmitteln, zum Trinken, für die Gartenbewässerung oder zur Toilettenspülung genutzt wird.

DIN 1988-200: Technische Regeln für Trinkwasser-Installationen – Teil 200: Installation Typ A (geschlossenes System) – Planung, Bauteile, Apparate, Werkstoffe [26]

12.3.2 Steinbildung

Tabelle 6: Wasserbehandlungsmaßnahmen zur Vermeidung von Steinbildung in Abhängigkeit von Kalziumcarbonat-Massenkonzentrationen und Temperatur

Kalziumcarbonat-Massenkonzentration[a] mmol/l	**Maßnahmen bei** $\delta \leq$ **60 °C**	**Maßnahmen bei** $\delta >$ **60 °C**
< 1,5 (entspricht < 8,4 °dH)	Keine	Keine
≥ 1,5 bis < 2,5 (entspr. ≥ 8,4 °dH bis < 14 °dH)	Keine oder Stabilisierung oder Enthärtung	Stabilisierung oder Enthärtung empfohlen
≥ 2,5 (entspricht ≥ 14 °dH)	Stabilisierung oder Enthärtung empfohlen	Stabilisierung oder Enthärtung
[a] Siehe § 9 WRMG.		

Konstruktive Anforderungen

Gemäß Punkt 12.6.2 der DIN 1988-200 [26] müssen Enthärtungsanlagen DIN EN 14743 und DIN 19636-100 entsprechen. Diese Europäische Norm legt Anforderungen hinsichtlich der Konstruktion und der Betriebsart sowie entsprechende Prüfverfahren an automatische, mit Salz regenerierte und nach dem Prinzip des Kationaustausches wirkende Enthärter für Trinkwasser-Installationen in Gebäuden, die dauerhaft an die Wasserversorgung angeschlossen sind, fest. DIN 19636-100 legt ergänzende Anforderungen an Hygiene und Werkstoffe fest und definiert die Eigen- und Fremdüberwachung sowie nationale produktspezifische Zusatzanforderungen, die über die Anforderungen von DIN EN 14743 hinausgehen. DIN EN 14743 und DIN 19636-100 müssen gemeinsam angewendet werden, um das bewährte bisherige Sicherheitsniveau aufrechtzuerhalten.

Auch gem. DIN EN 14743 Punkt 4.3.8 muss ein Enthärter, in Übereinstimmung mit DIN EN 1717 [23], mit einem Gerät zur Verhinderung von Rückfluss in das Versorgungsnetz ausgestattet sein. Es darf kein Wasser oder Salzsole aus dem Unterdruckbehälter aufgefangen werden. Nach DIN EN 14743 Punkt 4.1 müssen Enthärtungsanlagen daher alle der folgenden Funktionen und Einrichtungen aufweisen:

- Austauscherharzbehälter, Regelventil, Solebehälter, Überwachungsgerät;
- automatische Regeneration;
- kontinuierliche Wasserversorgung während der Regeneration;
- manuelle Regenerationsauslösung;
- Sicherung gegen Rückfließen.

Zur Erfüllung nationaler und örtlicher Bestimmungen können für Enthärter zusätzliche Ausstattungen gefordert werden, wie z. B.:

- Verschneideeinrichtung,
- automatische Regenerationsauslösung nach einer bestimmten Zeitspanne ohne Regeneration und
- Einrichtung zur Begrenzung des mikrobiologischen Wachstums.

Ionentauscher verfügen über einen Behälter, der mit organischem Ionentauscher-Harz gefüllt ist, durch den das Wasser strömt. Dieses Harzbett filtert u. a. Partikel aus dem durchströmenden Wasser und bietet zudem über die extrem große Oberfläche der Harzkügelchen ideale Vermehrungsbedingungen für Mikroorganismen. Entsprechend ist in DIN 19636-100 Punkt 4.4 geregelt, dass Enthärtungsanlagen spätestens nach 4 Tagen automatisch zu regenerieren sind, auch wenn die Enthärtungskapazität noch nicht ausgeschöpft wurde (Vermeidung der Stagnation aus hygienischen Gründen nach DIN 1988-100 und DIN EN 1717 [23]).

Nach VDI/DVGW 6023 Punkt 6.3.1 [19] sind Ionentauscher-Anlagen (z.B. Enthärtungsgeräte) jedoch so klein wie möglich zu dimensionieren. Die Gesamtkapazität der Anlage, angegeben in °dH × m³, darf demnach den Bedarf von 72 Stunden im bestimmungsgemäßen Betrieb nicht überschreiten und die Einhaltung der Anforderungen nach TrinkwV [10] nach der Wassernachbehandlung muss überprüft werden. Wird das Harzbett von Ionentauschern nicht spätestens alle 72 Stunden regeneriert, besteht aufgrund der extrem großen Oberfläche der Harzkügelchen ein hohes Risiko zur Vermehrung von Mikroorganismen. Da das Enthärtersalz eine technische Reinheit von nur 99,9 % hat (entspricht je 100 kg Salz einer Menge von 100 g Schmutz), bieten die sich dann ansammelnden Verschmutzungen ideale Vermehrungsbedingungen für Keime und Algen.

Der Schutz vor Verkeimung ist durch geeignete konstruktive oder chemisch-physikalische Maßnahmen sicherzustellen (Punkt 4.5 DIN 19636-100). Bei Enthärtungsanlagen muss also die Möglichkeit gegeben sein, bei massiver Kontamination mit Bakterien diese wieder zu eliminieren. Die hygienisch-bakteriologische Unbedenklichkeit der Enthärtungsanlage ist nur dann sichergestellt, wenn alle in Punkt 4.5 der DIN 19636-100 zusammengefassten Forderungen erfüllt sind.

Bei Geräten ohne Prüfzeichen anerkannter Branchenzertifizierer und ohne die erforderlichen Sicherheits- und Sicherungseinrichtungen kann ein Risiko auf damit einhergehender Gefährdungen für die menschliche Gesundheit nicht ausgeschlossen werden. Wasserbehandlungsanlagen, die nicht über die vorgenannte technische Ausstattung verfügen, die keine Zwangsregeneration nach spätestens drei Tagen auslösen (unabhängig vom bisherigen Wasserverbrauch oder verbleibender Restkapazität), die nicht über eine Einrichtung zur Desinfektion während der Regeneration verfügen oder die entsprechend überdimensioniert sind, sind im Rahmen der Gefährdungsanalyse als mangelhaft zu bewerten.

Dimensionierung

Kennzeichnend für die Anlagengröße ist gem. DIN 1988-200 [26] der Nenndurchfluss. Der Spitzendurchfluss kann dabei kurzfristig über dem Nenndurchfluss liegen. Die Austauschkapazität in mol Erdalkalien nach DIN EN 14743 darf im Einsatzbereich bei einem zugrunde gelegten Tagesverbrauch von max. 80 l je Person bei Enthärtung des Wassers für Erwärmung sowie ggf. für Wasch- und

Geschirrspülmaschine die in Tabelle 7 der DIN 1988-200 [26] angegebenen Werte nicht überschreiten. Bei bis zu 20 Personen ist eine Harzmenge angegeben von max. 8 l. Da moderne Wasch- und Geschirrspülmaschinen über integrierte Enthärtungseinheiten verfügen, kann auch dieser Bedarf ausgenommen werden. Es ist auch hier ausdrücklich nicht von kaltem Trinkwasser die Rede. Nach Tabelle 7 der Norm wäre eine sehr geringe Anlagengröße mit max. 4 l Harzvolumen für eine Familie mit bis zu 5 Personen völlig ausreichend.

Der Anteil des erwärmten Trinkwassers, das durch Nutzer verbraucht wird, liegt bei ca. 1/3 der Gesamt-Trinkwassermenge. Hierbei handelt es sich weit überwiegend um erwärmtes Trinkwasser zur Körperreinigung (Duschen, Baden, Händewaschen). Eine Enthärtungsanlage, die folglich nur für den Volumenstrom und den Verbrauch des erwärmten Trinkwassers ausgelegt wird, kann entsprechend viel kleiner dimensioniert werden, was zudem den Verbrauch an Salz zur Regeneration und den Wasserverbrauch zur Spülung erheblich reduziert und damit ebenso Umweltbelastung durch wesentlich erhöhte Natriumgehalte im Abwasser durch Regenerationsprozesse der Enthärtungsanlagen reduziert.

Die Installation entgegen den Aussagen der DIN 1988-200 [26] unter Punkt 12.1 einer zentralen Enthärtungsanlage am Hauswassereingang würde jedoch dazu führen, dass kaltes Trinkwasser (im ungestörten Kalk-Kohlensäure-Gleichgewicht) unnötig enthärtet würde. Das würde grundsätzlich dem Minimierungsgebot nach § 6 TrinkwV [10] und den Anforderungen nach § 17 Abs. 2 Nr. 3 TrinkwV [10] widersprechen, da hierdurch die Beschaffenheit des Trinkwassers nachteilig beeinflusst werden könnte. Eine nach den allgemein anerkannten Regeln der Technik unnötige Menge an Natrium würde hierdurch dem Trinkwasser zugegeben, bei gleichzeitiger Entfernung wichtiger Mineralien wie Kalzium und Magnesium. Demnach wird die Zusammensetzung des Trinkwassers verändert und gesundheitliche Schäden können im Einzelfall nicht ausgeschlossen werden.

Gleichzeitig wäre eine solche Anlage jedoch zur Enthärtung der gesamten Wassermenge wesentlich größer als eine Anlage, die nur nach dem kleineren Verbrauch von erwärmtem Trinkwasser dimensioniert würde, was zu einem erheblich erhöhten Verbrauch an Regeneriersalz und Spülwasser führen würde, die dann ins Abwasser geleitet werden müssen. Vermeintliche Vorteile durch reduzierten Putzaufwand an Armaturen im Bad oder die seltenere Entkalkung von Kaffeemaschinen, mit denen oftmals geworben wird, sind normativ als „begründete Fälle“ im Sinne der DIN 1988-200 [26] für eine Wasserbehandlung gar nicht erwähnt und sind angesichts der möglichen nachteiligen Folgen durch die Natriumbelastung des Trinkwassers und die Korrosionsgefahr für Leitungssysteme vernachlässigbar.

Installation

Ein Mangel muss allerdings auch festgestellt werden, wenn Spülschläuche solcher Anlagen durchhängen, sodass Restwasser in den Leitungen verbleibt, wenn die Schläuche aus ungeeigneten Materialien in Kontakt mit Trinkwasser bestehen oder die Schläuche zur Ableitung des Spülwassers unmittelbar in die Abwasserleitung eingeführt werden (siehe Punkt 5.6.9).

Gemäß VDI/DVGW 6023 Punkt 6.1 [19] sind zusätzlich bei Apparaten (z. B. Einrichtungen zur Wasserbehandlung) geeignete Probeentnahmestellen jeweils unmittelbar vor und hinter den Apparaten anzuordnen, um die Qualität des Trinkwassers und die Funktion der Anlage überwachen zu können.

Die Dosierung eines Desinfektionsmittels oder eines Korrosionsschutzmittels erfolgt alleine oder nach einer Enthärtung immer mengenproportional vor dem jeweiligen Anlagenbereich, um eine ausreichende Konzentration in Abhängigkeit vom Anlagenvolumen gewährleisten zu können. Die Dosierpumpen und Durchfluss-Messeinrichtungen müssen in der Lage sein, eine stetige und exakte Dosierung zu ermöglichen, wobei die Dosierstelle so zu installieren ist, dass die Chemikalie in der Mitte des Rohrquerschnitts zugegeben wird, um eine gute Durchmischung zu erreichen. In größeren Leitungen kann eine Dosierung über einen Bypass vorteilhaft sein.

5.6.11 Gebäudeautomation

> **5.6.11 Gebäudeautomation**
>
> Ein möglicher Einfluss der Gebäudeautomation, z. B. auf Temperaturen, Durchflüsse, Drücke, Schalt- und Laufzeiten, Desinfektionsmitteldosierung ist zu berücksichtigen.
>
> **Anmerkung:** Zur Gebäudeautomation zählen hier auch dezentrale Systeme, z. B. Spülarmaturen.

Die heutigen Möglichkeiten der Gebäudeautomation werden oftmals zur energetischen Optimierung und Effizienzsteigerung gebäudetechnischer Anlagen eingesetzt. Im Bereich der Trinkwasser-Installation finden sich solche Systeme in der Regel zur Überwachung von Betriebsparametern (Temperatur, Volumenstrom, Druck) und zur bedarfsgerechten Ansteuerung von sogenannten Aktoren, d. h. Pumpen und Ventilen.

Um einen ausreichenden Wasseraustausch in Leitungssystemen zu unterstützen, können beispielsweise Spülarmaturen gruppenweise aktiviert werden in Abhängigkeit der Kaltwassertemperatur oder nach Ablauf einer bestimmten

Zeit, in der kein ausreichender Wasseraustausch im jeweiligen Abschnitt stattgefunden hat.

Die einfachste Form einer solchen Gebäudeautomation besteht in automatisch selbstspülenden Armaturen oder Spüleinrichtungen, die nach Ablauf einer bestimmten Frist oder einer festgelegten Zeit ohne Betätigung für eine vorher eingestellte Zeit öffnen, um Stagnationswasser auslaufen zu lassen, die Rückspülung von Filtern am Hauswassereingang kann automatisiert über ein festes Zeitintervall oder differenzdruckabhängig angesteuert werden, aber auch temperaturgesteuerte Zirkulationspumpen gehören in diese Sparte.

Die zeitliche Ansteuerung von Zirkulationspumpen, die sich mithilfe von Sensoren selbsttätig auf das Nutzerverhalten einstellen und erkennen, wann warmes Wasser entnommen wird, und auf Basis der erkannten Zeitmuster selbsttätig ihr Ein-/Ausschaltverhalten steuern, sind aus hygienischen Gründen allerdings nicht sinnvoll. Wie bereits unter Punkt 5.6.6 ausgeführt, wird in der aktuellen DVGW-Information Wasser Nr. 90 in Kap. 2 ein Dauerbetrieb der Zirkulationspumpen empfohlen, da nur dann sichergestellt ist, dass in der Trinkwasser-Installation für Trinkwasser (warm) legionellenbegrenzende Temperaturen eingehalten werden.

Zwischenzeitlich sind auch Systeme am Markt erhältlich, die einen hydraulischen Abgleich in Zirkulationssystemen über eine kontinuierliche Temperaturerfassung an jedem Strang und die Ansteuerung von elektrischen Regelventilen realisieren. Über eine intelligente Steuerung, die mit elektrischen Regulierventilen kontinuierlich für ausreichende Volumenströme und gleiche Temperaturen in allen Leitungen der Trinkwasseranlage sorgt, kann nach Angabe der Hersteller ein hydraulischer Abgleich automatisiert, überwacht und dokumentiert werden.

Solche Systeme der Gebäudeautomation können einen wesentlichen Einfluss auf die Trinkwasserhygiene haben, daher muss im Rahmen von Gefährdungsanalysen u. a. geprüft werden, ob die angezeigten Messwerte plausibel sind, ob die jeweils ausgelösten Aktionen (Öffnen von Spüleinrichtungen, Ansteuerung von Pumpen usw.) sinnvoll und ausreichend sind und ob solche Aktoren generell funktionstüchtig sind (Instandhaltung, Überwachung). Bei einem unbemerkten Ausfall automatisierter Systeme zur Unterstützung der Trinkwasserhygiene oder bei fehlerhafter Sensorik können ansonsten nachteilige Veränderungen der Trinkwasserqualität entstehen, die eventuell ebenso unbemerkt bleiben.

Falsche Messwerte einer Gebäudeautomation können zudem dazu führen, dass Mängel nicht bemerkt werden. Die Temperatur einer Trinkwassererwärmungsanlage kann im Rahmen der kontinuierlichen Überwachung nur durch funktionierende Sensoren korrekt überwacht werden. Fehlende oder falsche Temperaturanzeigen führen zu fehlerhaften Annahmen zum Zustand der Anlage sowie zur falschen Einschätzung der hygienischen Risiken.

5.6.12 Angaben zu regelmäßigen Wartungen (Betriebsbuch) und zur Instandhaltung

5.6.12 Angaben zu regelmäßigen Wartungen (Betriebsbuch) und zur Instandhaltung

Der Gesamtzustand der Anlage sowie relevante Komponenten sind hinsichtlich der notwendigen Instandhaltungsmaßnahmen zu bewerten. Der Instandhaltungs- oder Hygieneplan ist entsprechend zu bewerten.

Die Pflicht zur Instandhaltung von Trinkwasser-Installationen setzt nicht erst dann ein, wenn mit Verschleißerscheinungen zu rechnen ist, sondern sie besteht grundsätzlich. Die mit der Verkehrssicherungspflicht verbundenen Instandhaltungsaufgaben des Unternehmers oder des sonstigen Inhabers beginnen mit der Abnahme/Übergabe (Gefahrenübergang).

Es ist unabdingbar, dass Trinkwasser-Installationen von den hierfür Verantwortlichen in technisch und hygienisch einwandfreiem Zustand gehalten werden. Umwelt-, Arbeits- und Gesundheitsschutz haben den gleichen Stellenwert wie die Betriebssicherheit und Funktionstauglichkeit der Trinkwasser-Installationen.

Die Unternehmer oder sonstigen Inhaber sind verpflichtet, Trinkwasser-Installationen

- mindestens nach den allgemein anerkannten Regeln der Technik bestimmungsgemäß zu betreiben,
- in ordnungsgemäßem, sicherem und gebrauchstauglichem Zustand zu erhalten durch
  - regelmäßige Inspektion,
  - vorausschauende Wartung,
  - fachkundige Instandsetzung und
  - technische Verbesserung nach den allgemein anerkannten Regeln der Technik.

Folgeschäden aufgrund fehlender Instandhaltungsmaßnahmen stellen im Schadensfall ein Organisationsverschulden dar.

Gemäß § 17 Abs. 1 TrinkwV [10] hat der Unternehmer oder sonstige Inhaber einer Wasserversorgungsanlage u. a. seine Installation nach den allgemein anerkannten Regeln der Technik zu betreiben. Jede unzureichende oder nicht ordnungsgemäße Wartung der Trinkwasser-Installation kann eine Beeinträchtigung der Wasserbeschaffenheit hervorrufen.

Nach DVGW W 557 (A) ist eine regelmäßige, fachgerechte Instandhaltung die Voraussetzung für einen hygienisch unbedenklichen, bestimmungsgemäßen Betrieb einer Trinkwasser-Installation. Regelungen zur Instandhaltungsplanung und zum Hygieneplan finden sich in der DIN EN 806-5 in Verbindung mit der VDI Richtlinie 3810 Blatt 2/VDI 6023 Blatt 3 und der VDI/DVGW 6023 Blatt 1 [19].

Jede unzureichende oder nicht ordnungsgemäße Instandhaltung der Trinkwasser-Installation einschließlich der Sicherungseinrichtungen zum Schutz gegen Rückfließen kann eine Beeinträchtigung der Wasserbeschaffenheit hervorrufen. Eine regelmäßige Wartung der Sicherungseinrichtungen muss daher durchgeführt werden. Ihre ordnungsgemäße Funktion ist regelmäßig in Übereinstimmung mit nationalen oder regionalen Bestimmungen zu überprüfen. Bei Unterlassung oder nicht fachgerechter Durchführung von Instandhaltungsmaßnahmen, insbesondere bei Filtern, Sicherungseinrichtungen und anderen Einrichtungen besteht ein hohes Risiko hinsichtlich mikrobiologischer und/oder chemischer Kontaminationen mit negativen Auswirkungen auf die Trinkwasserqualität. Systemtrenner, Rückflussverhinderer und Rohrbelüfter in Zapfventilen sind beispielsweise Sicherungseinrichtungen zum Schutz des Trinkwassers gegen unzulässige Rückwirkungen und Kontaminationen. Solche Sicherungsbauteile müssen in regelmäßigen Abständen inspiziert und vorausschauend gewartet werden.

Die für den hygienisch einwandfreien Betrieb erforderlichen Maßnahmen für die Instandhaltung müssen für alle in einem Objekt vorgesehenen und installierten Armaturen, Apparate und Trinkwasserleitungen in der Instandhaltungsplanung nach VDI 3810 Blatt 2/VDI 6023 Blatt 3 [19] berücksichtigt werden und es sind erforderliche bauliche Voraussetzungen zu schaffen.

Werden Absperreinrichtungen, Filter, Sicherheitsventile und andere mechanische Bauteile nicht regelmäßig inspiziert, geprüft und instand gehalten (ggf. Wartung), können diese Bauteile ihre Funktion nicht ordnungsgemäß erfüllen. Ein Versagen der Bauteile steht zu befürchten. Filter halten beispielsweise bestimmungsgemäß organische und anorganische Partikel auf der Filteroberfläche zurück, um das Rohrsystem gegen Korrosion und mechanische Schäden zu schützen. Werden Filter nicht regelmäßig gespült oder getauscht, können sich auf den Filteroberflächen Biofilm und mikrobiologische Verunreinigungen (Kontaminationsquellen) bilden, die dann zu einer Verkeimung des Trinkwassers führen. Weiterhin kann dies zu Beschädigungen des Siebeinsatzes führen, größere Mengen an gefilterten Partikeln können das Siebgewebe verformen und im Extremfall zum Reißen des Siebgewebes führen. Außerdem können größere Ablagerungsmengen die Rückspülfunktion mechanisch beeinträchtigen. Gemäß DIN EN 13443-1 [50] ist eine Rückspülung des Geräts spätestens alle 6 Monate (empfohlen alle 2 Monate) notwendig.

Art und Umfang aller erforderlichen Instandhaltungsmaßnahmen sind unter Berücksichtigung der Gefährdungsmöglichkeiten und der Angaben der Hersteller der Anlagen, Armaturen oder Apparate im Instandhaltungsplan festzulegen. Über die durchgeführten Instandhaltungsmaßnahmen ist ein Betriebsbuch zu führen, in das auch die aus den Instandhaltungsmaßnahmen abgeleiteten Folgerungen und weiteren erforderlichen Maßnahmen fortlaufend einzutragen sind. Das Betriebsbuch ist über den Gebäudelebenszyklus dauerhaft zu führen und aufzubewahren.

Die Maßnahmen der Instandhaltung von Trinkwasser-Installationen sind bei eingetretenem Mangel (Instandsetzung), im definierten Zeitintervall (Inspektion und Wartung) oder aus besonderem Anlass (Verbesserung) durchzuführen.

Für jede Anlage und jeden Apparat sind Bewertungsgruppen 1, 2 oder 3 nach Tabelle 3 der VDI 6023-3/3810-2 festzulegen. Oberstes Bewertungskriterium ist die Gefährdungsbeurteilung bei einem Mangel.

VDI 6023 Blatt 3: Hygiene in Trinkwasser-Installationen – Betrieb und Instandhaltung

VDI 3810 Blatt 2: Betreiben und Instandhalten von Gebäuden und gebäudetechnischen Anlagen – Trinkwasser-Installationen

7.1 Instandhaltungsplanung

Tabelle 3: Bewertung von möglichen Folgen bei Mängeln an Bauteilen

Bewertungsgruppe	Mögliche Folgen bei Mängeln	Maßnahme
1	Schönheitsfehler, keine Sach- oder Personenschäden	Inspektion durch unterwiesenes Betreiberpersonal
2	kann zu Sachschäden und/oder erheblich erhöhten Betriebskosten oder Verbrauchswerten führen	Inspektion durch eingetragenes Installationsunternehmen
3	kann zu Personenschäden führen	Erhöhung der Ausfallsicherheit durch regelmäßige Inspektion und Wartung durch eingetragenes Installationsunternehmen

Über die durchgeführten Instandhaltungsmaßnahmen ist ein Betriebsbuch zu führen, in das auch die aus den Instandhaltungsmaßnahmen abgeleiteten Folgerungen und weiteren erforderlichen Maßnahmen fortlaufend einzutragen sind (siehe Punkt 5.4).

Das Betriebsbuch ist ein wichtiger Bestandteil des Anlagenbuches. Es dient als Nachweis auf Einhaltung der Verkehrssicherungspflichten des Betreibers und ist über den Gebäudelebenszyklus dauerhaft zu führen und aufzubewahren.

5.7 Gefährdungsanalyse im engeren Sinne

5.7 Gefährdungsanalyse im engeren Sinne

Aus den Ergebnissen der Ortsbesichtigung und der Prüfung auf Einhaltung der allgemein anerkannten Regeln der Technik ist für jeden der festgestellten Mängel das Gefährdungsereignis zu definieren und die dazugehörigen Gefährdungen sind zu benennen.

Es sind auch bekannt gewordene Gefährdungen und Gefährdungsereignisse zu erfassen, die nicht (oder nur unzureichend) durch das technische Regelwerk erfasst sind.

Wie bereits unter Punkt 5.2 ausführlich erläutert, wird bei der Analyse von Gefährdungen, die sich aus einem technischen Mangel ergeben, von Sachverständigen eine gewissen kognitive Übertragungsleistung verlangt. Hier muss dem Auftraggeber erklärt werden, warum es beispielsweise in einer stagnierenden Totleitung durch die fehlende Durchströmung zu einer Ansiedelung von Mikroorganismen und damit einhergehend zu einer Biofilmbildung kommen kann und dass diese Mikroorganismen dann auch gegen die Fließrichtung wieder in die durchströmte Verteilleitung gelangen, zum Nutzer transportiert werden und bei diesem zu einer Infektion und Erkrankung führen können.

An dieser Stelle wird nochmals ausdrücklich betont, dass eine Bewertung möglicher Gefährdungen nicht nur nach „Schema F“ auf der Grundlage der technischen Regelwerke erfolgen darf. Technische Regelwerke können mit fortschreitender Entwicklung auch hinter den technischen Möglichkeiten, die vielfach am Markt angeboten werden, zurückbleiben. Es sind deshalb auch Gefährdungsmöglichkeiten zu betrachten, zu denen in den allgemein anerkannten Regeln der Technik (noch) keine oder nur unzureichende Aussagen getroffen werden.

Seit einiger Zeit ist als ein möglicher Ansatz zur Aufrechterhaltung der Trinkwasserhygiene und zur Vermeidung von Legionellen in einem System der Trinkwasser-Installation das Durchschleifen von Trinkwasserleitungen warm und kalt im Markt bekannt. Dieser Ansatz zielt darauf ab, die Entnahmestellen einer Funktionseinheit oder eines Systems untereinander zu verbinden, quasi „in Reihe zu schalten“, um eventuelles Stagnationswasser in den Einzelzuleitungen selten genutzter Entnahmestellen zu vermeiden. Ziel dieser neuen Installationsart sollte es sein, bei jedem Entnahmevorgang an einer Zapfstelle im System den Rohrleitungsinhalt der zuführenden Leitung und damit der vorgeschalteten Zapfstellen auszutauschen. Diese Methode der „Stagnationswasser-Vermeidung“ kann, korrekt geplant und angewendet, durchaus Vorteile bringen, z. B. um das Stagnationswasser in einzelnen Leitungen zu Außenzapfstellen oder Heizungsfüllanschlüssen zu vermeiden. Bei näherer Betrachtung zeigen sich jedoch auch erhebliche Nachteile, wenn diese Technik generell und überall angewandt wird, um vermeintliche Vorteile zu „maximieren“. Diese Installationsart war noch nie Bestandteil der einschlägigen a.a.R.d.T. und ein wesentlicher Faktor beim Durchschleifen von Warmwasserleitungen ist die Beachtung einer etwaigen Aufwärmung von daneben geführten Kaltwasserleitungen. Da das direkte Heranführen der Zirkulationsleitung unmittelbar an Wandarmaturen zu einer Überschreitung der maximal zulässigen Kaltwassertemperatur von 25 °C führen kann, werden die Ziele der allgemein anerkannten Regeln der Technik unter Umständen nicht erreicht.

Auch gänzliche neue Systeme am Markt wie die Kühlung von Kaltwasser oder sogar eine Kaltwasser-Zirkulation haben sich noch längst nicht in der Praxis bewährt, auch wenn vielleicht das eine oder andere System bereits umgesetzt wurde. Architekten (und Planer) müssen grundsätzlich über die neuesten a.a.R.d.T. informiert sein und den Auftraggeber auf Änderungen der Regelwerksanforderungen hinweisen, ansonsten macht sich der Architekt (oder Planer) gem. § 635 BGB schadenersatzpflichtig. Das OLG Hamm hat hierzu in seinem Urteil v. 27.10.2009 (Az. 21 U 77/00) festgestellt:

> „Der Planer darf bei der Planung nur solche Werkstoffe und Komponenten vorsehen, bei denen er sicher sein kann, dass sie den zu stellenden Anforderungen genügen. Den Verstoß gegen diese technische Notwendigkeit haben die Beklagten im Sinne von § 635 BGB zu vertreten. Fahrlässigkeit ist auch dann zu bejahen, wenn es für die Ausführung eines Werkes noch keine anerkannten Regeln der Technik gibt und eine Ungewissheit über die Risiken des Gebrauchs z.B. eines Werkstoffes besteht“.

Auch werden seit einiger Zeit am Markt Systeme zur Absicherung von Feuerlösch- und Brandschutzanlagen angeboten, die nach Aussage der Hersteller ohne einen freien Auslauf mit nachgeschalteter Druckerhöhungspumpe auskommen. Hier wird ein Systemtrenner gegen Flüssigkeitskategorie 4 mit einer Sperrzone kombiniert, in dem sich ein Desinfektionsmittel befindet, das Mikroorganismen quasi „den Rückweg abschneiden“ soll. Dazu publizierte der DVGW mit Datum vom 29. August 2019 ein „Positionspapier zur hygienischen Absicherung des Trinkwassers – freier Auslauf (DIN EN 1717)“. Darin heißt es:

> „Zum Schutz der Trinkwasserversorgung vor Verunreinigungen fordert die Trinkwasserverordnung in § 17 Absatz 6, dass Trinkwassersysteme nicht mit Systemen mit Wasser unbekannter Herkunft (Nichttrinkwasser) verbunden werden dürfen. Es müssen den allgemein anerkannten Regeln der Technik entsprechende Sicherungseinrichtungen verwendet werden, um ein Rückfließen von Nichttrinkwasser in die Trinkwasserversorgung und damit eine Verunreinigung des Trinkwassers zu verhindern. Trotz dieser Anforderungen gibt es viele Fallbeispiele, bei denen es aufgrund von fehlenden oder nicht adäquaten Sicherungseinrichtungen zu mikrobiellen Kontaminationen in der Trinkwasser-Installation und im Verteilungsnetz der öffentlichen Trinkwasserversorgung kommt. Zudem gibt es Bestrebungen, u. a. aus Kostengründen, die konkreten rechtlichen Anforderungen in Frage zu stellen. (...)
>
> Die Absicherung mit einer Sicherungseinrichtung nach Kategorie 4 zur Absicherung von Flüssigkeiten nach Kategorie 5 wird auch durch den Einsatz von Desinfektionsmaßnahmen wie Desinfektionssperrzonen nicht gleichwertig zu einem freien Auslauf (Typ AA, AB und AD). Dies ist eine Überschätzung der Möglichkeiten der Desinfektion im Fall von Rücksaugen, Rückfließen oder Rückdrücken, die insbesondere zu einer Kontamination des vorgeschalteten Trinkwassersystems führen können. Bei einem freien Auslauf (Typ AA, AB und AD) ist eine hohe Betriebssicherheit und Ausfallsicherheit betriebsbedingt vorhanden. Beim Einsatz von mechanischen oder elektronischen Bauteilen ist die Gefahr eines Versagens immer gegeben, und auch eine absolute Dichtheit wasserberührter Teile gegenüber mikrobieller Durchwanderung selbst bei ordnungsgemäßer Funktion existiert nicht."

Auch in solchen Fällen neuartiger Produkte und Systeme ist jeweils zu bewerten, was eventuell passieren könnte bzw. welche Gefährdungen (auch bei Versagen solcher Bauteile) für die Nutzer entstehen könnten.

Wenn ein Gutachten zur Gefährdungsanalyse nicht so aufgebaut ist, dass der verantwortliche Betreiber die Notwendigkeit zum Handeln erkennt, ist die erstellte Gefährdungsanalyse mangelhaft. Leider werden auch heute noch oft Unterlagen im Checklisten-Format oder mit völlig subjektiven Wahrscheinlichkeitsbewertungen als Gefährdungsanalysen erstellt, die für einen technischen Laien nicht die notwendigen Erläuterungen bieten. Ein Gutachten zur Gefährdungsanalyse ist wie bereits dargestellt im Grunde eine Auflistung von verschiedenen Mangelanzeigen und deren Bewertung. Eine Mangelanzeige oder ein Bedenkenhinweis muss „inhaltlich klar, vollständig und erschöpfend die nachteiligen Folgen und die sich daraus ergebenden Gefahren einer zweifelhaften Ausführungsweise konkret darlegt, damit seinem Auftraggeber die Tragweite der Nichtbefolgung des Hinweises ausreichend deutlich wird“ (vgl. OLG Düsseldorf Urteil Az.: 22 U 41/17 vom 06.10.2017).

Es ist – auch aufgrund oftmals mangelnder Erläuterungen in der Gefährdungsanalyse – eine Tatsache, dass von Betreibern mitunter aus Kostengründen und aus Unkenntnis über mögliche Folgen die vorgeschlagenen Handlungsempfehlungen nicht oder nicht vollständig umgesetzt werden, sodass in der nächsten Beprobung weiterhin Legionellen über dem technischen Maßnahmewert analysiert werden. Ein Sanierungskonzept, das die in der Gefährdungsanalyse beschriebenen Mängel beheben soll – in aller Konsequenz –, kostet gewöhnlich eine gewisse Investitionssumme. Viele Unternehmer und sonstigen Inhaber scheuen jedoch die Ausgaben für solche Sanierungsmaßnahmen und versuchen, andere Wege zu finden, um bestehende Probleme in der Installation zu beseitigen oder die Kosten anderweitig zu vermeiden.

Diese Anforderungen gelten selbstverständlich umso mehr für eine regelgerechte Gefährdungsanalyse, auf deren Grundlage ein Unternehmer oder sonstiger Inhaber die entsprechenden Sanierungsarbeiten beauftragen muss. Ohne eine jeweils konkrete Erläuterung, welche Gefährdungen für die Nutzer sich aus den dokumentierten Mängeln ergeben, wird der Auftraggeber eben nicht in die Lage versetzt, eine fundierte Entscheidung über die zu beauftragenden technischen Maßnahmen treffen zu können.

5.8 Zusammenfassende Gesamtbewertung der Ergebnisse und Befunde

5.8 Zusammenfassende Gesamtbewertung der Ergebnisse und Befunde

In der abschließenden Gesamtbewertung sollen die Ergebnisse, Befunde und Ableitungen von Maßnahmen zusammengeführt werden. In der Zusammenfassung werden Zusammenhänge erklärt, die sich nicht aus den Erläuterungen der Mängel selbst ergeben und es werden Schlussfolgerungen gezogen.

Erforderliche Schritte zum Schutz der Gesundheit der Nutzer (kurzfristige Maßnahmen) sind seitens des Unternehmers oder sonstigen Inhabers mit dem zuständigen Gesundheitsamt abzustimmen. Zudem hat der Unternehmer oder sonstige Inhaber die betroffenen Nutzer zu informieren. Die nachhaltige Gefahrenbeseitigung (mittel- bis langfristige Maßnahmen) soll die Mängel und Schwachstellen in der Trinkwasser-Installation beheben und die Herstellung eines Zustands in Übereinstimmung mit den allgemein anerkannten Regeln der Technik gewährleisten.

Im Allgemeinen wird ein Auftraggeber einer Gefährdungsanalyse zuerst die Gesamtbewertung als Zusammenfassung lesen, erst danach wird er den ausführlichen Teil in allen Einzelpunkten lesen. In der abschließenden Gesamtbewertung können dann die Ergebnisse, Befunde und Ableitungen von Maßnahmen zusammengeführt werden. In der Zusammenfassung werden Zusammenhänge erklärt, die sich nicht aus den Erläuterungen der Mängel ergeben, und Schlussfolgerungen werden gezogen.

Obgleich in jedem der zuvor erläuterten Kapitel 5.6.1 bis 5.6.12 des Gutachtens eine eigene kurze Zusammenfassung zu dem jeweils betrachteten Themenkomplex erstellt werden soll, ist es sinnvoll, das Gutachten abschließend insgesamt zusammenzufassen, den Zustand der Installation zu bewerten und abschließende Schlussfolgerungen zu treffen. An dieser Stelle sollte bei ereignisorientierten Gutachten auch die Frage beantwortet werden, was als Ursache einer Legionellen-Kontamination oder anderer nachteiliger Veränderungen der Trinkwasserqualität (je nach Aufgabenstellung) ermittelt wurde.

Eine abschließende Zusammenfassung des Gutachtens könnte beispielsweise so aussehen:

Beispiel für eine abschließend Zusammenfassung des Gutachtens:

(...) Für die wiederholte Kontamination mit Legionellen werden zwei wesentliche Ursachen festgestellt. Eine anhaltende und über Jahre immer wieder analysierte Kontamination findet sich ausweislich der vorgelegten Analysebefunde in der Kaltwasserzuleitung zur Trinkwassererwärmungsanlage in Bauteil A der Liegenschaft. Die Anlage wird zum vermeintlichen Schutz gegen Legionellen zyklisch nachts auf Temperaturen ≥ 70 °C erwärmt („Legionellenschaltung“), was zu einer Ausdehnung des Speicherwassers führt, da zu diesen Zeiten keine bzw. wenig Entnahme stattfindet. Aufgrund eines defekten Rückflussverhinderers (vgl. Punkt 5.10 mangelhafte Instandhaltung) kommt es hier zu einer massiven Erwärmung des Kaltwassers in der zuführenden Leitung aufgrund eines Rückdrückens aus dem erhitzten Speicher (siehe Punkt 5.4 und 5.10).

Eine weitere systemische Kontamination mit Legionellen findet sich zudem in endständigen Bereichen der zirkulierenden Systeme aufgrund unzureichender Temperaturhaltung im zirkulierenden System und fehlender Nutzung an endständigen Entnahmestellen. Das System PWH/PWH-C in der Klinik ist trotz der teilweise vorhandenen Regulierventile nicht vollständig hydraulisch abgeglichen, womit keine gleichmäßige Verteilung der Wärmeenergie erreicht wird (vgl. Punkt 5.5). Gleichzeitig sind teils Aufwärmungen im Trinkwasser (kalt) festzustellen, was ebenfalls die ernste Besorgnis einer Legionellenkontamination beinhaltet. Unzureichende Temperaturen in PWH/PWH-C und PWC in Verbindung mit Inkrustierungen und Stagnationsbereichen (vgl. Punkt 5.3) bieten ideale Lebensbedingungen für Mikroorganismen (...).

Auch geeignete und sinnvolle Handlungsempfehlungen zur zielgerichteten Beseitigung der festgestellten Gefährdungen sollen nach Punkt 5.2 der Richtlinie VDI/BTGA/ZVSHK 6023 Blatt 2 jeweils in den einzelnen Kapiteln abgegeben werden. Im Gesamtzusammenhang ist unabhängig von der Größe einer Trinkwasser-Installation vor Beginn der Sanierung die technische Sanierbarkeit der Anlage an sich zu prüfen und zu bewerten, ob technische Sanierungsmaßnahmen oder ob eine grundlegende Neuinstallation unter Berücksichtigung auch von wirtschaftlichen Gesichtspunkten sinnvoll sind.

Die Gefährdungsanalysen selbst sind mit diesem Punkt abgeschlossen.

Maßnahmen zum Schutz der Gesundheit der Nutzer (Sofortmaßnahmen) sind allerdings lediglich gem. § 16 Abs. 7 TrinkwV [10] dem Gesundheitsamt mitzuteilen. Das Gesundheitsamt hat hier lediglich Überwachungspflichten z. B. nach § 9 Abs. 8 TrinkwV [10]:

Verordnung über die Qualität von Wasser für den menschlichen Gebrauch (TrinkwV [10])

§ 9 Maßnahmen im Falle der Nichteinhaltung von Grenzwerten, der Nichterfüllung von Anforderungen, der Überschreitung von technischen Maßnahmenwerten sowie der Überschreitung von Parameterwerten für radioaktive Stoffe

(8) Wird dem Gesundheitsamt bekannt, dass der in Anlage 3 Teil II festgelegte technische Maßnahmenwert in einer Trinkwasser-Installation überschritten wird, und kommt der Unternehmer oder der sonstige Inhaber der verursachenden Wasserversorgungsanlage seinen Pflichten nach § 16 Absatz 7 nicht nach, fordert das Gesundheitsamt diesen auf, diese Pflichten zu erfüllen. Kommt der Unternehmer oder der sonstige Inhaber der Wasserversorgungsanlage seinen Pflichten auch nach der Aufforderung durch das Gesundheitsamt nicht fristgemäß und vollständig nach, prüft das Gesundheitsamt, ob und in welchem Zeitraum Maßnahmen zum Gesundheitsschutz erforderlich sind, und ordnet diese ggf. an. (...)

Obgleich hier eine eindeutige Informationspflicht besteht und es sicherlich auch sinnvoll ist, die Maßnahmen mit dem Gesundheitsamt zu besprechen, obliegt die Auswahl, welche hygienisch/technischen Maßnahmen individuell geeignet sind, immer den beauftragten Sachverständigen und bleibt damit im Verantwortungsbereich des Unternehmers oder sonstigen Inhabers.

Auch geeignete und sinnvolle Handlungsempfehlungen zur zielgerichteten Beseitigung der festgestellten Gefährdungen sollen jeweils in den einzelnen Kapiteln gegeben werden. Im Gesamtzusammenhang ist jedoch unabhängig von der Größe einer Trinkwasser-Installation vor Beginn der Sanierung die technische Sanierbarkeit der Anlage an sich zu prüfen und zu bewerten, ob technische Sanierungsmaßnahmen oder ob eine grundlegende Neuinstallation unter Berücksichtigung auch von wirtschaftlichen Gesichtspunkten sinnvoll sind.

Es empfiehlt sich daher, die in den jeweiligen Kapiteln abgegebenen Handlungsempfehlungen zur Beseitigung der jeweiligen Mängel am Ende des Gutachtens nochmals für den Betreiber der Anlage aufzulisten und zusammenzufassen.

5.9 Handlungsempfehlungen

5.9 Handlungsempfehlungen

Aus den Handlungsempfehlungen sollte als Ergebnis zur sicheren Beseitigung der Mängel ein geordneter Maßnahmenplan (siehe im Folgenden) hervorgehen. Geeignete Maßnahmen ergeben sich u. a. aus den Arbeitsblättern DVGW W 551, DVGW W 556 und DVGW W 557. Hierbei wird zwischen folgenden Maßnahmen unterschieden:

- betriebstechnische (z. B. Stell-, Steuer-, Regler-Einstellung z. B. der Temperaturen, Zirkulationspumpen)
- verfahrenstechnische (z. B. Reinigung, ggf. thermische oder chemische Desinfektion)
- bautechnische (z. B. Arbeiten an Leitungen, Armaturen)
- organisatorische (z. B. Spülplan)

Anmerkung: Konkrete Vorschläge für Handlungsempfehlungen gibt der BTGA-Leitfaden „Gefährdungsanalyse für Trinkwasser-Installationen".

Im DVGW W 556 (A) heißt es einleitend: „Auf der Grundlage der Gefährdungsanalyse hat der Betreiber Maßnahmen zur hygienisch-technischen Sanierung der Trinkwasser-Installation einzuleiten. Dabei sind sowohl technische Aspekte der Trinkwasser-Installation als auch gesundheitliche Aspekte der Nutzer sowie mögliche Übertragungswege zu berücksichtigen".

Bei Auffälligkeiten sind in jedem Fall Untersuchungen auf das Vorliegen einer systemischen Kontamination notwendig. Ein einzelner lokaler Befund, der auf z. B. eine einzige kontaminierte Entnahmearmatur, Einzelzuleitung oder Stockwerksleitung zurückzuführen sein kann, begründet noch keine umfassende Sanierungsbedürftigkeit der gesamten Trinkwasser-Installation. Vielmehr sind dann u. U. auch schon lokale Maßnahmen ausreichend, z. B. durch eine Desinfektion der Entnahmestelle oder des betroffenen Anlagenabschnitts bzw. durch die Sicherstellung einer regelmäßigen Nutzung. Diese Festlegungen können jedoch wiederum nur im Rahmen einer vollständigen Gefährdungsanalyse getroffen werden.

Die Ableitung geeigneter Maßnahmen richtet sich hierbei ausschließlich nach dem jeweiligen Gefährdungspotenzial des Mangels, d. h. je größer ein möglicher Schaden ausfallen könnte, desto eher sind Maßnahmen zu ergreifen. Eine subjektive Wahrscheinlichkeitsbewertung zum Schadenseintritt ist ausdrücklich nicht Bestandteil einer Gefährdungsanalyse.

In der Praxis werden – wenn es um die Sanierung von Trinkwasser-Installationen geht – vielfach jedoch nur unkoordinierte Maßnahmen ergriffen, die mit einer sach- und fachgerechten Sanierung nichts zu tun haben und unter Umständen die Schäden und Risiken für die Nutzer sogar noch vergrößern können. Der Begriff Sanierung ist aber im DVGW-Arbeitsblatt W 556 eindeutig definiert:

DVGW (A) W 556: Hygienisch-mikrobielle Auffälligkeiten in Trinkwasser-Installationen

3 Begriffe, Symbole, Einheiten und Abkürzungen

3.12 Sanierung

Betriebs- und bautechnische Maßnahmen zur Wiederherstellung des bestimmungsgemäßen Betriebs einer Trinkwasser-Installation im Sinne der Trinkwasserverordnung, die über eine Reinigung und/oder Desinfektion hinausgehen, wobei Reinigung und Desinfektion Bestandteile einer Sanierung sein können.

Bereits durch diese Definition ist klargestellt, dass eine „Heißspülung", die Installation einer Chlordioxid-Anlage, eine thermische oder ein chemische Anlagen-Desinfektion keine Sanierung einer kontaminierten Trinkwasser-Installation sind.

Im DVGW W 556 (A) heißt es:

> „Neue wissenschaftliche Erkenntnisse zeigen erneut, dass bei nicht korrekt oder unvollständig durchgeführten Sanierungen (z.B. Einsatz einer Anlagendesinfektion allein anstelle einer nachhaltigen Sanierung) die Möglichkeit besteht, dass Bakterien im sogenannten VBNC-Zustand (viable but not culturable; lebend, aber kulturell nicht anzüchtbar) den Prozess überleben. Sie sind aber dann nicht mehr infektiös. Dies gilt auch für fakultative Krankheitserreger wie Pseudomonaden und Legionellen. Dadurch kann die Beurteilung der Effektivität einer als alleinige Maßnahme durchgeführten Desinfektion erschwert werden.
>
> Nach Wiederherstellung für sie günstiger Umweltbedingungen können die Bakterien wieder in den vermehrungsfähigen Zustand übergehen und zu erneuten Kontaminationen im System führen. Eine nachhaltige Sanierung zielt jedoch immer darauf ab, die Lebensbedingungen für Mikroorganismen (Temperaturbereich, Nährstoffe, Aufenthaltszeiten) im System der Trinkwasser-Installation möglichst ungünstig zu halten. Dies ist der Fall, wenn die Trinkwasser-Installation nach den allgemein anerkannten Regeln der Technik geplant, gebaut und betrieben wird."

Diesem Gedanken folgend definiert die VDI/BTGA/TZVSHK 6023 Blatt 2 jede Abweichung von den allgemein anerkannten Regeln der Technik als Mangel, der nach den allgemein anerkannten Regeln der Technik beseitigt werden muss.

Hierzu ist zum einen unbedingt eine Aufnahme der vorhandenen Trinkwasser-Installation notwendig, soweit diese nicht bereits im Rahmen der Gefährdungsanalyse erstellt wurde. Zum anderen ist festzulegen, wie bei der Behebung der Mängel vorgegangen werden soll, d. h. beim Vorliegen mehrerer Mängel ist eine Prioritätenliste anzufertigen und im Rahmen der Sanierung abzuarbeiten (Sanierungsplan).

Im Rahmen der Ableitung von Handlungsempfehlungen gilt es dabei immer zu klären, welche der Gefährdungen wesentlich und prioritär zu beseitigen sind. Aufgrund einer akuten Infektionsgefährdung werden dies in der Regel mikrobielle Gefährdungen sein, insbesondere wenn die Überschreitung des technischen Maßnahmenwerts für Legionellen der Auslöser für die Gefährdungsanalyse war. Ergebnis ist somit eine zeitliche Priorisierung der Handlungsempfehlungen.

Der Ablauf einer Sanierung gliedert sich wie folgt:

1. Identifizierung von Kontaminationsquellen und -ursachen (lokal oder systemisch) z. B. im Rahmen der weitergehenden Untersuchung und der Gefährdungsanalyse
2. Erforderliche bauliche Maßnahmen (Rückbau von Tot- und Stagnationsstrecken)
3. Reinigung des Systems und Austrag aller mobilisierbaren Ablagerungen (Sediment, Biofilm) und ggf. Desinfektion des Systems/der betroffenen Bereiche
4. Nachhaltige Beseitigung der Kontaminationsursachen (systemisch/lokal) durch die Umsetzung eines Sanierungskonzepts auf Grundlage der Risikobewertung von Mängeln in der Gefährdungsanalyse
5. Sicherstellung eines dauerhaft bestimmungsgemäßen Betriebs
6. Wiederkehrende Überprüfung der Wirksamkeit der ergriffenen Maßnahmen (Nachuntersuchungen nach DVGW W 551 (A)

Unter den **organisatorischen Maßnahmen** sind z. B. die Erstellung und Durchführung eines vollständigen Instandhaltungsplans zu verstehen, die Aufstellung eines zielgerichteten Spülplans oder die Ausarbeitung und Ableitung eines sinnvollen und an die Installation angepassten Probennahmeschemas.

Unter den **betriebstechnischen Maßnahmen** werden alle Stell-, Steuer- und Regelvorgänge an Komponenten und Einrichtungen des Systems mit dem Ziel der Anlagenoptimierung zusammengefasst sowie alle organisatorischen Maßnahmen. Hierzu zählen die Erhöhung der Sollwert-Einstellung an Trinkwassererwärmungsanlagen, die Optimierung von Pumpenlaufzeiten in der Zirkulation, aber auch die Aufstellung von Spülplänen mit regelmäßiger Simulation der bestimmungsgemäßen Nutzung. Auch die Erstellung eines Instandhaltungs- oder Hygieneplans gehört zu den betriebstechnischen Maßnahmen. Die betriebstechnischen Maßnahmen können am einfachsten und schnellsten durchgeführt werden, da hierzu gewöhnlich keine Eingriffe in das System notwendig sind. Nach Punkt 8.1 des DVGW W 551 (A) sind Altanlagen nach der Optimierung durch betriebstechnische Maßnahmen genauso wie Neuinstallationen zu betreiben (Mindesttemperatur am Austritt des Trinkwassererwärmers 60 °C; maximal 5 K Auskühlung bis zum Wiedereintritt der Zirkulation, d. h. Mindesttemperatur von 55 °C an jeder Stelle des Trinkwassersystems).

Unter den **bautechnischen Maßnahmen** sind alle technischen Eingriffe in das gesamte System oder einzelne Anlagenteile (Trinkwassererwärmer, Leitungen, Entnahmearmaturen) zusammengefasst, um die Trinkwasser-Installation den aktuell geltenden allgemein anerkannten Regeln der Technik anzupassen.

Werden die Trinkwasser-Installation oder Teile davon ausgetauscht, ist diese Installation von den Anforderungen her genauso zu betrachten wie eine Neuinstallation:

DIN 1988-200 Planung [26]

3.8 Planungs- und Ausführungsunterlagen

3.8.1 Allgemeines

Die Planung von Trinkwasser-Installationen hat so zu erfolgen, dass die Bauteile aufeinander abgestimmt, die Betriebssicherheit gegeben, die hygienischen und korrosionschemischen Anforderungen erfüllt und ein wirtschaftlicher Betrieb sichergestellt ist.

Planungsanforderungen für Gebäude mit besonderer Nutzung, wie z.B. Krankenhäuser, Seniorenwohnheime, Kindergärten, Schulen und Gebäude mit gewerblicher Nutzung, sind mit dem Bauherrn bzw. Betreiber abzustimmen. Für diese Gebäude ist ein Raumbuch zu erstellen, das eine Nutzungsbeschreibung und eine Konzeption für Trinkwasser-Installation enthalten muss. Die Auswahl der zu planenden Sicherungseinrichtungen muss entsprechend der Schutzmatrix nach DIN EN 1717 [23] erfolgen. Angaben und Hinweise für die erforderlichen Instandhaltungsmaßnahmen, die Probennahmestellen und die notwendigen Maßnahmen bei Fehlfunktionen (Störungen) innerhalb der Trinkwasser-Installation für diese Gebäude muss ein Hygieneplan enthalten.

Zu den bautechnischen Maßnahmen kann die Reduzierung des Speicherwasser-Volumens gehören, die Erhöhung der Dämmstärke, die Nachrüstung von geeigneten Regelventilen zum hydraulischen Abgleich in der Zirkulation, Rückbau von stagnierenden Leitungen (und die entsprechende Neuberechnung der Verteilleitungen) usw. Nach DVGW W 551 (A) müssen Altanlagen im Bestand nach Möglichkeit hinsichtlich der Betriebsbedingungen wie eine Neuanlage betrieben werden (Temperaturen, Pumpenlaufzeiten). Das kann in den meisten Fällen nur erreicht werden, wenn auch in Bestandsgebäuden ein korrekter hydraulischer Abgleich gewährleistet und ggf. nachträglich realisiert ist.

Die **verfahrenstechnischen Maßnahmen** sind nach DVGW W 551 (A) in erster Linie als betriebserhaltende Maßnahmen zu verstehen, ein dauerhafter Sanierungserfolg ist nur in Kombination mit bautechnischen Maßnahmen zu erwarten. Vor der Anwendung einer verfahrenstechnischen Maßnahme muss sichergestellt sein, dass alle Komponenten des Systems für die gewählte Maßnahme geeignet sind (z.B. temperatur- oder chemisch beständig).

Zu den verfahrenstechnischen Maßnahmen werden die Reinigung, die thermische Desinfektion und die chemische Desinfektion gezählt. Die UV-Desinfektion ist zwar ein zugelassenes Desinfektionsverfahren, da es der Reduzierung bzw. Abtötung und Inaktivierung von Mikroorganismen dient, jedoch kann eine UV-Desinfektion alleine nicht als Sanierungsmaßnahme angewandt werden, sondern ist im Sanierungsfall nur in Kombination mit einem weiteren Desinfektionsverfahren geeignet.

Prinzipiell ist bei der Desinfektion aber zu unterscheiden zwischen der Anlagendesinfektion und der Trinkwasserdesinfektion:

Die **Anlagendesinfektion** ist im Gegensatz zur Trinkwasserdesinfektion eine diskontinuierliche (einmalige) Maßnahme, die eine Trinkwasser-Installation insgesamt oder einen kontaminierten Bereich bis zur Entnahmestelle des Verbrauchers erfasst.

Eine **Trinkwasserdesinfektion** ist dagegen eine kontinuierliche (länger andauernde) Maßnahme, bei der lediglich die im Trinkwasser vorhandenen Mikroorganismen reduziert werden sollen.

Liegt eine mikrobielle Kontamination in einer Trinkwasser-Installation oder Teilen von ihr vor, muss sie aus Gründen des Gesundheitsschutzes beseitigt werden. Wenn eine Beseitigung nicht durch Spülen oder andere Reinigungsmaßnahmen erreicht werden kann, ist unter Umständen also eine einmalige Desinfektion der Anlage (Anlagendesinfektion) erforderlich.

Ziel einer Anlagendesinfektion ist es, die Trinkwasser-Installation nach einer technischen Sanierung in einen hygienisch einwandfreien Zustand zu versetzen, der dann einen bestimmungsgemäßen Gebrauch ermöglicht. Hierzu ist es erforderlich, sowohl die im Wasserkörper als auch die in Biofilmen vorhandenen unerwünschten Mikroorganismen abzutöten bzw. zu inaktivieren.

Reinigungsmaßnahmen und Anlagendesinfektion sind nur dann nachhaltig wirksam, wenn vorher die Ursachen für eine Kontamination beseitigt worden sind. Wichtig ist hierbei, dass eine Anlagenreinigung oder -desinfektion noch keine Sanierung darstellt. Generell ist zuerst die Ursache der Kontamination durch gezielte Sanierungsmaßnahmen zu beseitigen, wie z.B. durch bau- und/oder betriebstechnische Maßnahmen. Hierbei können verfahrenstechnische Maßnahmen wie eine Reinigung und Desinfektion unterstützend wirken.

Häufig ist allerdings festzustellen, dass diese „thermischen Desinfektionen“ nicht den Vorgaben der einschlägigen Regelwerke entsprechen. Sie haben eher den Charakter einer „Heißspülung“, da oftmals lediglich die Solltemperatur des Trinkwassererwärmers erhöht wird und die Zapfstellen gespült werden. Werden dann diese erhöhten Temperaturen über einen längeren Zeitraum beibehalten, kann das beispielsweise in Installationen aus verzinkten Eisenwerkstoffen zu erheblichen Korrosionsschäden und damit zu einem wirtschaftlichen Totalschaden der gesamten Trinkwasseranlage führen.

Während einer Desinfektion der Anlage steht dem Verbraucher kein Trinkwasser aus der Trinkwasser-Installation zur Verfügung, da das durchfließende Wasser entweder mit Desinfektionschemikalien versetzt ist oder eine extrem hohe Temperatur mit dem Risiko von Verbrühungen aufweist. Durch geeignete Vorkehrungen (organisatorisch oder technisch) muss sichergestellt sein, dass aus der behandelten Anlage kein Wasser als Trinkwasser entnommen werden kann. Ggf. muss Trinkwasser anderweitig bereitgestellt werden.

Eine Anlagendesinfektion erfolgt thermisch oder durch den Einsatz chemischer Desinfektionsmittel. Jede Anlagendesinfektion belastet dabei die Werkstoffe und Bauteile der Trinkwasser-Installation, sodass es zu einer vorzeitigen Alterung der Materialien oder unmittelbaren Schädigungen der Trinkwasser-Installation kommen kann. Eine regelmäßige, prophylaktische Wiederholung der Anlagendesinfektion zur Verhinderung von Kontaminationen ist daher auf keinen Fall zu empfehlen.

Die jeweilige Reinigungs- oder Desinfektionsmaßnahme ist mit allen relevanten Begleitumständen vollständig zu dokumentieren. Entsprechende Formblätter sind im Anhang zum DVGW W 557 (A) verfügbar und sollten – vollständig ausgefüllt und durch den Fachbetrieb unterschrieben – dem Auftraggeber nach Abschluss der Arbeiten übergeben werden.

Nach einer Anlagendesinfektion ist die mikrobiologische Beschaffenheit des Wassers durch eine Untersuchungsstelle nach Trinkwasserverordnung zu überprüfen. Auch diese Untersuchungsergebnisse zur Dokumentation des Erfolgs der Maßnahme sind dem Auftraggeber zur Ablage im Betriebsbuch zu übergeben.

Die langfristige Wirkung von Desinfektionsmitteln auf den Biofilm wurde im „Verbundprojekt Biofilmmanagement" ebenfalls in verschiedenen Versuchsreihen untersucht. Im Rahmen der Versuche hat sich deutlich gezeigt, dass sich die Bakterien immer sofort nach Absetzen des Desinfektionsmittels erholt haben und eine Regeneration des Biofilms erfolgte. Ursache für die Erholung war entweder ein Wiederaufkeimen und eine Vermehrung der noch vorhandenen Bakterien oder eine Neubesiedlung des Biofilms durch „frische" Bakterien, die mit dem Trinkwasser eingetragen wurden.

Vor einer Anlagendesinfektion ist grundsätzlich eine Reinigung der Anlage durchzuführen, damit ein Desinfektionsmittel auf die Anlagenteile wirken kann und sich nicht bereits an der Oberfläche des Biofilms abreagiert. Bei einer thermischen Desinfektion werden zwar auch die im Biofilm befindlichen Mikroorganismen abgetötet, der verbleibende Biofilm kann jedoch von nachströmenden Bakterien schnell wieder besiedelt werden und bietet gleichzeitig ein hohes Nährstoffangebot.

Vorschläge für Handlungsempfehlungen

Vorschläge zu Handlungsempfehlungen sind in der Regel überflüssig, da sich die notwendigen Maßnahmen bereits aus den Erläuterungen zu den festgestellten Mängeln von selbst ergeben. Nach Abschluss der Sanierung soll die Trinkwasser-Installation vollumfänglich den jeweils aktuellen allgemein anerkannten Regeln der Technik entsprechen.

Für Hinweise, wie mit konkreten Umständen im Einzelfall zu verfahren ist, können allgemeine Unterlagen mit Beispielen keine Hilfestellung bieten. Sowohl der BTGA-Leitfaden „Gefährdungsanalyse", das DVGW Arbeitsblatt W 556 (A) als auch die ZVSHK-Fachinformation „Sanierung kontaminierter Trinkwasser-Installationen" listen jedoch Beispiele auf, wie mit üblichen Abweichungen von den allgemein anerkannten Regeln der Technik verfahren werden kann.

5.9.1 Sofortmaßnahmen

5.9.1 Sofortmaßnahmen

Die Sofortmaßnahmen sind unverzüglich umzusetzen und dienen der direkten Gefahrenabwehr. Insbesondere sind folgende Maßnahmen angezeigt:

- unverzügliche Information der Nutzer der betroffenen Trinkwasser-Installation
- Nutzungseinschränkung
- ggf. Einbau endständiger Filter (siehe DVGW twin Nr. 12)

Nach § 37 IfSG [3] „Beschaffenheit von Wasser für den menschlichen Gebrauch" muss Wasser für den menschlichen Gebrauch jederzeit so beschaffen sein, dass durch seinen Genuss oder Gebrauch eine Schädigung der menschlichen Gesundheit, insbesondere durch Krankheitserreger, nicht zu besorgen ist.

Abhängig von der Höhe der Kontamination, den betroffenen Nutzern der Installation und ggf. von der Größe einer Trinkwasser-Installation kann die Durchführung von Sofortmaßnahmen zum weiteren Betrieb der Anlage erforderlich sein. Diese Maßnahmen können auch unter Umständen miteinander kombiniert werden. Gemäß § 16 (7) TrinkwV [10] ist der Unternehmer und sonstige Inhaber der Trinkwasser-Installation verpflichtet, die ausgewählten Maßnahmen zur unmittelbaren Gefahrenabwehr dem Gesundheitsamt zu melden.

Das Gesundheitsamt wird von sich aus tätig werden, wenn z. B. eine nach Infektionsschutzgesetz (IfSG) [3] gemeldete Erkrankung (z. B. Legionellose) vorliegt, die in Zusammenhang mit der Trinkwasseranlage stehen könnte (siehe Leitlinien zum Vollzug der §§ 9 und 10 der Trinkwasserverordnung).

Tabelle 1: Beispiele für Sofortmaßnahmen zur Vermeidung unmittelbarer Gesundheitsgefährdungen in Anlehnung an DVGW W 556 (A)

Maßnahme	Ort der Maßnahme	Bemerkung	Nutzung der Trinkwasser-Installation
Nutzungsverbot/ Sperrung	Zentral, strangweise oder lokal	Unverzüglich bei akuter Gesundheitsgefahr	Nein, bis zur Sicherstellung einer Beschaffenheit des Trinkwassers, das der TrinkwV [10] entspricht
Installation endständiger Filter	Lokal an ausgewählten Entnahmestellen, auf deren Nutzung nicht verzichtet werden kann	Keine Dauermaßnahme	Weiterhin möglich nur an durch endständige Filter geschützten Stellen

Endständige, bakteriendichte Filter können bei einer mikrobiellen Kontamination der Trinkwasser-Installation als vorübergehende Maßnahme vor und während der Sanierung zur kurzfristigen Wiederherstellung und Sicherung der Trinkwasserqualität an ausgewählten Entnahmearmaturen eingesetzt werden. Der Einsatz endständiger Filter kann übergangsweise den Weiterbetrieb an Entnahmestellen während des Sanierungszeitraumes ermöglichen, wenn keine anderen Maßnahmen möglich sind. Endständig bedeutet, dass keine weiteren technischen Bauteile zwischen Filter und Nutzung des Trinkwassers aus einer Entnahmestelle vorhanden sind. Die DVGW twin Nr. 12 gibt Hinweise für die Auswahl, den Einbau und die Anwendung endständiger Filter.

Beachtet werden muss aber, dass es sich beim Einsatz von bakteriendichten Filtern immer nur um eine kurzzeitige Maßnahme zur hygienischen Sicherung der

Trinkwasserbeschaffenheit handelt. Mit Ausnahme von Hochrisikobereichen in Krankenhäusern sollten endständige Filter nur vorübergehend bis zur Wiederherstellung mikrobiell einwandfreier Verhältnisse installiert werden. Diese Maßnahme ist kein Ersatz für eine Sanierung einer kontaminierten Trinkwasser-Installation, d. h. endständige Filter dürfen bei Kontaminationen in einer Trinkwasser-Installation nur temporär an den Entnahmestellen eingesetzt werden, bis die Anlage saniert ist. Die Einhaltung des nach Trinkwasserverordnung geforderten Schutzniveaus wird bei einer Dauernutzung auch bei permanentem Wechsel der Filter nicht erfüllt.

Die Zeiträume, bis eine Sanierung erfolgt sein muss, werden gem. der Empfehlung des Umweltbundesamts zur Gefährdungsanalyse durch das DVGW W 551 (A) vorgegeben: „Das Arbeitsblatt W 551 beschreibt die technischen Anforderungen ausführlich, auch für den Sanierungsfall. Die dort enthaltenen Tabellen 1a (orientierende Untersuchung) und 1b (weitergehende Untersuchung) beinhalten sowohl nach Höhe der Messergebnisse abgestufte Vorgaben für Maßnahmen, als auch Zeitvorgaben für deren Umsetzung.“

Die Standzeiten und Einsatzgrenzen der jeweiligen Produkte sind zwingend einzuhalten. Es dürfen nur solche Filter eingesetzt werden, deren Effektivität bei der Zurückhaltung von Bakterien (Legionellen, Pseudomonas aeruginosa) sowie deren maximale Standzeit nach internationalen Standards validiert wurden und für die ein entsprechender Nachweis vorliegt. Der Austausch von Filtern hat nach den vom Hersteller angegebenen Standzeiten zu erfolgen, in der Regel nach 30 Tagen. Kürzere Standzeiten können sich durch eine Verblockung des Filters als Folge einer partikulären Belastung des Trinkwassers (z. B. mit Kalkpartikeln, Rost) ergeben.

Werden Filter an festen Entnahmestellen, wie z. B. Waschtischen, angebracht, darf der freie Abstand von mindestens 20 mm zwischen höchstmöglichem Wasserstand und dem Auslauf des Filters nicht unterschritten werden. Werden elektronische bzw. selbstspülende Entnahmearmaturen verwendet, gilt es, noch einige weitere Dinge zu beachten, vor allem bei einer Probennahme oder dem Einsatz endständiger Sterilfilter.

5.9.2 Kurz- und mittelfristige Maßnahmen

> **5.9.2 Kurz- und mittelfristige Maßnahmen**
>
> Die kurz- und mittelfristigen Maßnahmen sollten innerhalb weniger Wochen bis maximal ein Jahr (siehe DVGW W 551) nach Erstellung der Gefährdungsanalyse umgesetzt werden. Hierfür muss nicht notwendigerweise eine Kontamination vorgelegen haben; sie können sich auch aus der systemorientierten Gefährdungsanalyse ergeben. Hierzu gehören beispielsweise:
>
> – Erneuerung der Trinkwassererwärmung (Trinkwassererwärmer/Wärmeübertrager)
> – Instandhaltungsplanung für alle in die Trinkwasser-Installation eingebauten Komponenten auf der Grundlage von VDI/DVGW 6023 und DIN EN 806-5
> – Austausch defekter oder veralteter Bauteile (Instandsetzung)

Die kurz- und mittelfristigen Maßnahmen sollten innerhalb weniger Wochen bis maximal ein Jahr (siehe Tabelle 1b DVGW W 551 (A)) nach Erstellung der Gefährdungsanalyse umgesetzt werden. Hierunter werden alle Maßnahmen verstanden, zumeist bautechnische Maßnahmen, die ohne planerische Vorbereitung durch ein Installationsunternehmen ausgeführt werden können.

Hierzu gehören beispielsweise:

– Rückbau von stagnierenden Leitungen
– Dämmung ertüchtigen
– Sicherungseinrichtungen nachrüsten
– Austausch defekter oder veralteter Bauteile (Instandsetzung)

5.9.3 Langfristige Maßnahmen

> **5.9.3 Langfristige Maßnahmen**
>
> Als langfristige Maßnahmen werden jene bezeichnet, die einer längeren Vorbereitung bedürfen. Hierzu gehören beispielsweise:
>
> – Berechnung und Durchführung des hydraulischen Abgleichs in der Zirkulationsleitung
> – Neuberechnung der Rohrleitungsdimensionen bei vollständiger oder teilweiser Erneuerung der Trinkwasser-Installation
> – Erneuerung der Trinkwassererwärmung (Trinkwassererwärmer/Wärmeübertrager)
> – Instandhaltungsplanung für alle in die Trinkwasser-Installation eingebauten Komponenten auf der Grundlage von VDI 3810 Blatt 2, VDI/DVGW 6023 und DIN EN 806-5
> – Austausch defekter oder veralteter Bauteile (Instandsetzung)
> – vollständiger Austausch der Trinkwasser-Installation

Als langfristige Maßnahmen werden jene bezeichnet, die einer längeren Vorbereitung oder einer ausführlichen Planung und Berechnung durch einen Planer bedürfen. Solche Maßnahmen sollten jedoch auch nicht „auf die lange Bank geschoben“ werden, die Vorbereitung sollte vielmehr unverzüglich beginnen.

Hierzu gehören beispielsweise:

– Berechnung und Durchführung des hydraulischen Abgleichs in der Zirkulationsleitung
– Neuberechnung der Rohrleitungsdimensionen bei vollständiger oder teilweiser Erneuerung der Trinkwasser-Installation
– Erneuerung der Trinkwassererwärmung (Trinkwassererwärmer/Wärmeübertrager)
– Instandhaltungsplanung für alle in die Trinkwasser-Installation eingebauten Komponenten auf der Grundlage der aktuellen VDI 6023-3/VDI 3810-2
– vollständiger Austausch der Trinkwasser-Installation.

Da die langfristigen Maßnahmen in der Regel eben nicht zeitnah umgesetzt werden können, ist es oftmals hilfreich, kompensierende Maßnahmen zu definieren, die als Konzept zum Weiterbetrieb der Installation nachteilige Veränderungen zeitlich befristet geringhalten oder unterdrücken. Diese kompensierenden Maßnahmen (z. B. manuelle Spülmaßnahmen) können jedoch keinesfalls die Sanierung nach den a. a. R. d. T. ersetzen.

5.10 Literaturverzeichnis

5.10 Literaturverzeichnis

Die verwendeten Quellen sind in einem Literaturverzeichnis anzugeben. Es sind zwingend alle Werke mit vollständigen bibliografischen Angaben nach DIN ISO 690 anzugeben, aus denen zitiert wird oder auf die Bezug genommen wird. Ist die bezogene Unterlage bereits mehrfach erschienen, soll im Literaturverzeichnis deutlich werden, auf welche Ausgabe Bezug genommen wird.

Grundsätzlich sind die Quellen einer Arbeit in einem Literaturverzeichnis anzugeben. Zwingend anzugeben sind alle Werke mit vollständigen bibliografischen Angaben nach DIN ISO 690, aus denen man in der eigenen Arbeit zitiert oder auf die man sich sinngemäß bezieht. Beides ist jeweils in geeigneter Form zu kennzeichnen.

Sobald also beispielsweise ein Regelwerk benannt wird oder aus einem technischen Regelwerk Angaben zitiert werden, sollte aus urheberrechtlichen Gründen ein Literaturverzeichnis angelegt werden, in dem die jeweils bezogenen Dokumente referenziert und mit vollem Titel, ggf. Autor und Verlag benannt sind. Ist die bezogene Unterlage bereits mehrfach und vielleicht in geänderter Fassung erschienen, sollte im Literaturverzeichnis deutlich werden, auf welche man sich bezieht.

Beispiel:

Trinkwasserverordnung in der Fassung der Bekanntmachung vom 10. März 2016 (BGBl. I S. 459), die zuletzt durch Artikel 99 der Verordnung vom 19. Juni 2020 (BGBl. I S. 1328) geändert worden ist

In der Regel dürfen einem Gutachten zur Gefährdungsanalyse keine Kopien von DIN-, DVGW-, VDI- und anderen Regelwerken, aus Fachbüchern oder Artikeln beigefügt werden. Einzelfotos können in den Textfluss des Gutachtens eingefügt werden, es genügt der Hinweis auf die Fundstelle.

5.11 Anlagen

5.11 Anlagen

Der Gefährdungsanalyse sind verschiedene Anlagen beizufügen, die für die Bewertung der Trinkwasser-Installation maßgeblich sind (Zeichnungen, insbesondere Grundrisse und Leitungsschemata sowie die Untersuchungsberichte der Trinkwasseruntersuchungen).

Der Auftraggeber ist für die Durchführung einer Gefährdungsanalyse verantwortlich. Im Streitfall kann es für den Auftraggeber wichtig sein, zu belegen, dass er einen geeigneten Sachverständigen (insbesondere Unabhängigkeit und ausreichende Qualifikation) mit der Durchführung beauftragt hatte (Delegation, Verantwortlichkeit für die Auswahl geeigneten Personals). Daher empfiehlt es sich, einer Gefährdungsanalyse im Anhang die Qualifikationsnachweise des durchführenden Sachverständigen beizufügen, damit der Auftraggeber anhand dieser Nachweise im Zweifelsfall belegen kann, dass er seiner Verpflichtung zur sorgfältigen Auswahl bei der Auftragsvergabe nachgekommen ist.

Anmerkung:

Beispiele hierfür sind Urkunden zum Beleg des Berufsabschlusses, Zertifikate von Trinkwasserhygieneschulungen, z. B. VDI/DVGW 6023 oder Fachkunde Trinkwasserhygiene des ZVSHK, Nachweise über Berufserfahrung und Referenzen).

Zu den möglichen oder notwendigen Anlagen gehören alle Dokumente, auf denen die Erkenntnisse und Folgerungen basieren, die im Gutachten verwertet wurden (ausgenommen ist Literatur) oder die dem Auftraggeber ergänzend zur Verfügung gestellt werden. Hierzu können z. B. zählen

- tabellarische Zusammenfassung der Handlungsempfehlungen
- Fragebogen zur Vorbereitung der Ortsbesichtigung
- Befunde chemischer oder mikrobiologischer Trinkwasseruntersuchungen
- tabellarische Auswertung der Analysebefunde
- Grundrisse der Gebäude
- Installationspläne und -schemata der Trinkwasser-Installation
- vorgelegte Spülpläne, Instandhaltungs- oder Hygienepläne
- weitere durch den Auftraggeber zur Verfügung gestellte Dokumente (z. B. Betriebsbuch)
- Notizen, Checkliste oder Inspektionsbericht zur Ortsbesichtigung
- Datenlog-Protokolle
- Protokolle von Wärmebild-Aufnahmen
- Qualifikationsnachweise des Sachverständigen und ggf. der Hilfskräfte des Sachverständigen

Anhang A Qualifikation des VDI-BTGA-ZVSHK-geprüften Sachverständigen

Anhang A Qualifikation des VDI-BTGA-ZVSHK-geprüften Sachverständigen

Allgemeines

Die Durchführung einer Gefährdungsanalyse an einer Trinkwasser-Installation nach dieser Richtlinie setzt bei dem Sachverständigen neben detaillierten Kenntnissen der allgemein anerkannten Regeln der Technik auf aktuellem Stand überdurchschnittliches Fachwissen aus entsprechender Qualifikation und Berufserfahrung voraus. Der Sachverständige muss jederzeit in der Lage sein, diese Qualifikation nachzuweisen.

Die Gefährdungsanalyse muss von einem Sachverständigen durchgeführt werden, der über eine entsprechende abgeschlossene Berufsausbildung und Berufserfahrung verfügt oder eine gleichwertige fachbezogene Berufserfahrung aufweist.

Eine geeignete Qualifikation kann unterstellt werden bei VDI-BTGA-ZVSHK-zertifizierten Sachverständigen Trinkwasserhygiene. Die Voraussetzungen für die Vergabe dieses Zertifikat regelt ein Zertifizierungsprogramm.

Der Ersteller einer Gefährdungsanalyse geht mit seinem Auftraggeber einen Werkvertrag ein, d.h. er schuldet den Erfolg im Sinne eines Gutachtens, dass er alle Gefährdungen, die von der Trinkwasser-Installation ausgehen, ermittelt. Daher sollte er eine Vermögensschadens-Haftpflichtversicherung mit ausreichenden Deckungssummen nachweisen können und über eine entsprechende fachliche Qualifizierung verfügen, um Gefährdungen, die von einer Trinkwasser-Installation ausgehen, auch entsprechend interpretieren zu können. Lediglich vermutet wird diese Qualifikation also nach der UBA-Empfehlung, wenn die betreffende Person (nicht das beauftragte Unternehmen!) ein einschlägiges Studium oder eine dementsprechende Berufsausbildung nachweisen kann und z.B. ein Zertifikat Kategorie A nach VDI/DVGW 6023 [19] eine weitere Vertiefung erkennen lässt.

Doch der Unternehmer oder sonstige Inhaber (UsI) bleibt in der Verantwortung: Im Falle von Schadenersatzforderungen vor Gericht kann es wichtig sein, die Unabhängigkeit und ausreichende Qualifikation des hinzugezogenen Sachverstandes belegen zu können, da im Rahmen der Delegation von Aufgaben an Auftragnehmer (z.B. Beauftragung einer Gefährdungsanalyse) eine Auswahlpflicht besteht, d.h. es muss belegbar sein, dass mit der Arbeit jemand beauftragt wurde, der nachweislich dafür geeignet ist. Im Rahmen der Richtlinie

VDI/BTGA/ZVSHK 6023 Blatt 2 wurde nun, neben der öffentlichen Bestellung als Gerichtsgutachter und Sachverständiger für Trinkwasserhygiene einer Kammer als Bestellungskörperschaft, auch weiteren versierten Fachleuten die Möglichkeit geschaffen, ihre Qualifikation gegenüber Auftraggebern durch eine Prüfung nach den offiziellen Vorgaben der Richtlinie darzustellen.

Bei zwei verschiedenen Workshops anlässlich der Wasserhygienetage des WaBoLu e.V. beim Umweltbundesamt in Bad Elster im Februar 2015 und auf der Fortbildungstagung für Wasserfachleute des WaBoLu e.V. beim Umweltbundesamt in Berlin im November 2015 wurden dann die rund 80 Teilnehmer aus Behörden, Gesundheitsämtern und Sachverständigen befragt, was an dieser Situation verbessert werden müsste. Der einhellige Tenor beider Veranstaltungen war, dass die existierende UBA-Empfehlung zur Gefährdungsanalyse aus dem Jahr 2012 nicht ausreichend ist. Zentrale Forderung der Teilnehmer war die Beschreibung der Anforderungen an die Sachverständigen für Gefährdungsanalysen und/oder ein „Qualitätssiegel". Eine Beschreibung von Zulassungskriterien für Gutachterinnen/Gutachter und Sachverständige in der Trinkwasserverordnung wurde von vielen Teilnehmenden als unverzichtbar bewertet. Analog der Beschreibung der Anforderungen an Probennahme und Untersuchungsstellen sollte beschrieben werden:

- Wer darf zulassen?
- Welche Kriterien müssen die Sachverständigen erfüllen?
- Wie sollen Schulungen und Schulungsinhalte aussehen?
- Wie sollen die Zulassungen überprüft werden?
- Wie kann die Unabhängigkeit der Sachverständigen sichergestellt werden?

Diesen Forderungen folgend veröffentlichte der VDI im Januar 2018 zusammen mit dem BTGA und dem ZVSHK die Verbände-Richtlinie 6023 Blatt 2 „Hygiene in Trinkwasser-Installationen – Gefährdungsanalyse" als konkretes, allgemein anerkanntes Regelwerk für die Erstellung von Gutachten zur Gefährdungsanalyse. Diese Richtlinie schafft seither die praxisnahe Grundlage für die Ersteller von Gutachten zur Gefährdungsanalyse, für Betreiber und für Überwachungsbehörden.

Im Rahmen der Richtlinie VDI/BTGA/ZVSHK 6023 Blatt 2 wurde zudem versierten Fachleuten eben diese Möglichkeit geschaffen, ihre Qualifikation gegenüber Auftraggebern im Rahmen einer objektiven Prüfung nach den offiziellen Vorgaben der Richtlinie darzustellen. Sie beschreibt nicht nur die verbindlichen Vorgaben zu Ablauf, Aufbau und Inhalten eines Gutachtens zur Gefährdungsanalyse, sondern ermöglicht gleichzeitig die Qualifizierung als „VDI/BTGA/ZVSHK-geprüfter Sachverständiger für Trinkwasserhygiene".

Es ist schließlich nicht davon auszugehen, dass grundsätzlich jeder Teilnehmer einer Schulung mit einem Zertifikat nach VDI/DVGW 6023 [19] hinterher in der Lage ist, eine sachgerechte Gefährdungsanalyse zu erstellen, und auch die diversen Schulungs-Zertifikate von Herstellern, Verbänden oder Vereinen sind selbstverständlich kein aussagekräftiger Qualifikationsnachweis, wenn z. B. der Anbieter der Schulung auch die Prüfung direkt mit verkauft. Selbst die Zertifizierung nach VDI/DVGW 6023 Kategorie A [19] ist nur eine notwendige Fortbildung, die ohnehin jeder Fachmann haben sollte, der sich mit Planung, Bau oder Betrieb von Trinkwasser-Installationen befasst.

Heute sind über 20.000 Personen in Deutschland und der Schweiz nach VDI/DVGW 6023 [19] geschult. Aber nicht jede Person mit einem „A-Schein" ist ausreichend qualifiziert, wenn dieser „Schein" beispielsweise keine VDI-Urkunde mit VDI-Logo ist. Am Markt tummeln sich noch immer Anbieter von Schulungen zur Trinkwasserhygiene oder zur Gefährdungsanalyse, die sich weder an notwendige Schulungsinhalte, wie sie beispielsweise in der VDI/DVGW 6023 [19] im Anhang D festgelegt sind, halten noch ausreichend qualifizierte Referenten einsetzen und dazu notwendige Mindestqualifikationen der Teilnehmer missachten. Die Akademie eines Prüfunternehmens fällt hier z. B. häufig auf, da dieser Schulungsanbieter selbst gar kein Schulungspartner des VDI ist und entsprechend auch keine VDI-lizenzierten Schulungen abhält. Hier wird nur „in Anlehnung an" VDI/DVGW 6023 [19] geschult, ohne Qualitätskontrolle der Referenten, der Unterlagen oder der Inhalte durch den VDI. In vielen Fällen erhalten die Teilnehmer noch nicht einmal die notwendige Unterlage des VDI mit der originalen Richtlinie im Rahmen der Schulung ausgehändigt.

Abgesehen von der öffentlichen Bestellung als Sachverständiger einer Handwerkskammer kann heute also auch die Zertifizierung nach VDI/BTGA/ZVSHK 6023 Blatt 2 als „Qualitätssiegel" und Nachweis für die Sachkunde eines Sachverständigen dienen. Auftraggeber und Gesundheitsämter haben zukünftig anhand dieser Qualifikation den Beleg, dass der Betreiber seiner Verpflichtung zur sorgfältigen Auswahl bei der Auftragsvergabe nachgekommen ist.

Als einheitliche und anerkannte Qualifikation kann heute die Zertifizierung nach VDI/BTGA/ZVSHK 6023 Blatt 2 somit als ein Garant für die notwendige Sachkunde eines Gutachters oder Sachverständigen dienen. Auftraggeber und Gesundheitsämter haben zukünftig anhand dieser Qualifikation den Beleg, dass der Betreiber seiner Verpflichtung zur sorgfältigen Auswahl bei der Auftragsvergabe nachgekommen ist.

Derzeit existieren heute also drei Qualifikationen, bei denen die fachliche Eignung zur Gefährdungsanalyse nicht nur vermutet wird, sondern tatsächlich durch eine objektive Prüfung nachgewiesen ist:

- öffentlich bestellter und vereidigter Sachverständiger (ö.b.u.v.S.) für Trinkwasserhygiene im Installateur- und Heizungsbauerhandwerk
- VDI/BTGA/ZVSHK-zertifizierter Sachverständiger für Trinkwasserhygiene
- anerkannter Sachverständiger für Trinkwasserhygiene im DVQST e. V.

Beim ö.b.u.v.S. für Trinkwasserhygiene muss unter anderem die Sachkundeprüfung des jeweiligen Fachverbands SHK bestanden werden, die Prüfung und Zertifizierung von Sachverständigen für Trinkwasserhygiene nach der Richtlinie VDI/BTGA/ZVSHK 6023 Blatt 2 wird über ein festgelegtes Zertifizierungsprogramm durch die unabhängige Stelle der DIN CERTCO durchgeführt und eine Anerkennung als Sachverständiger für Trinkwasserhygiene und ordentliches Mitglied des DVQST e. V. erfolgt nach eingehender Prüfung der Sachkunde im Bereich der Trinkwasserhygiene durch ein Prüfungsgremium des Vereins.

Das Zertifizierungsprogramm zum Sachverständigen für Trinkwasserhygiene nach der VDI-Richtlinie wurde vom DIN CERTCO Zertifizierungsausschuss ZA-VDI 6023 in Kooperation mit der VDI-Gesellschaft Bauen und Gebäudetechnik (VDI-GBG) und unter Beteiligung der interessierten Kreise erarbeitet und von diesem am 28. März 2017 verabschiedet. Es legt das Verfahren von DIN CERTCO zur Zertifizierung von Personen mit der Qualifizierung der Kategorie Trinkwasserhygiene (VDI-BTGA-ZVSHK-zertifizierter Sachverständiger Trinkwasserhygiene) nach VDI/BTGA/ZVSHK 6023 Blatt 2 sowie deren Überwachung im Rahmen einer Personenzertifizierung fest.

Die Zertifizierung soll den Nachweis erbringen und durch ein Zertifikat bestätigen, dass die von DIN CERTCO zertifizierten Personen über die zur Durchführung einer Gefährdungsanalyse an einer Trinkwasser-Installation nötige Qualifikation verfügen. Teilnehmer am Zertifizierungsverfahren müssen den Nachweis über die geforderten Voraussetzungen erbringen, ihre Fachkenntnisse und Fertigkeiten im Rahmen einer Prüfung nachweisen und ihre Kenntnisse und Fertigkeiten durch geeignete Maßnahmen langfristig aufrechterhalten. Das Überwachungsverfahren stellt sicher, dass die Konformität mit den definierten Anforderungen auch langfristig gegeben ist.

Gegenüber dem Auftraggeber wird durch das Zertifizierungszeichen „nach VDI-Richtlinie geprüft“ das Vertrauen geschaffen, dass eine unabhängige, neutrale und kompetente Stelle die Qualifikation sorgfältig untersucht und bewertet hat. Die Überwachung stellt zudem sicher, dass Anforderungen des Zertifizierungsprogramms auch während der Laufzeit des Zertifikats erfüllt werden. Der Auftraggeber erhält somit einen Mehrwert, den er bei seiner Dienstleistungsauswahl berücksichtigen kann. Nur Personen, die die aufgeführten Anforderungen nach dem in diesem Zertifizierungsprogramm beschriebenen Verfahren erfüllen, erhalten das Zeichennutzungsrecht für das Zertifizierungszeichen „nach VDI-Richtlinie geprüft“.

Anhang B Dokumentenprüfung

Anhang B Dokumentenprüfung

Mindestens folgende Unterlagen sind durch den Auftraggeber beizubringen:

- Raumbuch
- aktuelle Wasseranalyse des Versorgers
- Hinweise des Wasserversorgers
- Planungs- und Berechnungsgrundlagen aller Gebäude- und Anlagenteile (einschließlich korrosionschemischer Beurteilung der ausgewählten Werkstoffe)
- Anlagenbeschreibung und -daten
- aktuelle Revisionspläne und Rohrleitungsschemata
- Wartungs- und Bedienungsanleitungen (ggf. Produkt-/Sicherheitsdatenblätter) angeschlossener Apparate und Einrichtungen
- Sicherheitsdatenblätter etwaiger eingesetzter chemischer Zusatzstoffe zur Trinkwasserbehandlung
- Protokoll der Hygiene-Erstinspektion (bei Gebäudeabnahme nach 01. April 2013)
- Protokoll über die Dichtheitsprüfung
- Protokoll über die Spülung und Erstinbetriebnahme
- Prüfbericht der allgemeinen mikrobiologischen Beprobung zur Inbetriebnahme
- Übergabeprotokoll mit Dokumentation der Einweisung des Betreibers (Einweisung nach VDI/DVGW 6023, Kategorie C)
- Instandhaltungs- und/oder Hygieneplan
- Betriebsanweisungen zur Nutzung der Trinkwasser-Installation
- Nachweise über die Durchführung der regelmäßigen Instandhaltungsmaßnahmen
- Protokolle über etwaige Spül- und Reinigungsmaßnahmen
- Protokolle über etwaige Desinfektionsmaßnahmen
- Dokumentation über etwaige Reparaturarbeiten
- Prüfberichte bisheriger Trinkwasseruntersuchungen einschließlich der Probennahmeprotokolle

Anhang B bietet in Ergänzung zu Punkt 5.4 eine Auflistung der wesentlichen Unterlagen, die vom Betreiber der Trinkwasser-Installation im Anlagen- und Betriebsbuch jeweils aktualisiert zur Verfügung gestellt werden sollten. In der Praxis finden sich die hier als Mindestanforderungen definierten Dokumente eher selten.

Für den bestimmungsgemäßen Betrieb benötigt der Unternehmer oder sonstige Inhaber jedoch die grundlegende Dokumentation, Einweisung und Instandhaltungsplanung. Fehlende Unterlagen sind gem. VDI 3810 Blatt 2/VDI 6023 Blatt 3 einzufordern oder nachträglich zu erstellen, nötigenfalls im Rahmen einer systemorientierten Gefährdungsanalyse nach VDI/BTGA/ZVSHK 6023 Blatt 2 im Sinne einer Bestandsaufnahme. Auf Basis der Ergebnisse dieser Bestandsaufnahme können dann notwendige Instandsetzungen, technische Verbesserungen oder eine Einweisung der Betreiber durchgeführt werden.

Gemäß § 36 IfSG Abs. 1 [3] müssen in Krankenhäusern und Einrichtungen nach § 23 IfSG [3] in Hygieneplänen innerbetriebliche Verfahrensweisen zur Infektionshygiene festgelegt werden. Auch bereits nach der Richtlinie für Krankenhaushygiene und Infektionsprävention (KRINKO, ältere Anlagen) [4] gehörten die regelmäßigen Trinkwasseruntersuchungen usw. zu den Regelungen des Hygieneplans.

Gemäß § 3 MedHygV der Länder sind u. a. Krankenhäuser dazu verpflichtet, in Hygieneplänen auf der Grundlage einer Analyse und Bewertung der jeweiligen Infektionsrisiken innerbetriebliche Verfahrensweisen zur Infektionshygiene zu erstellen. Sie beinhalten u. a. mindestens Regelungen zur Festlegung von Überwachungsverfahren zur Risikominimierung mit an das einrichtungsspezifische Risiko angepasstem, vertretbarem Aufwand (z. B. Festlegung von Probennahmestellen für relevante mikrobiologische und chemische Parameter).

Auch nach VDI/DVGW 6023 [19] muss für Gebäude mit Nutzungen, die erhöhte Anforderungen an die Hygiene erfordern (z. B. Lebensmittelbetriebe, Krankenhäuser, Seniorenpflegeheime), ein Hygieneplan mit dem Krankenhaushygieniker, der zuständigen Gesundheitsbehörde sowie ggf. dem Wasserversorgungsunternehmen sowie ggf. mit dem Unternehmer und sonstigen Inhaber abgestimmt werden. Der Hygieneplan muss Angaben über den bestimmungsgemäßen Betrieb der Trinkwasser-Installation enthalten und ist folglich der erweiterte Instandhaltungsplan.

Das Anlagenbuch umfasst die Dokumentation aller relevanten Planungsdaten, Betriebsparameter und Prüfungen der Anlage und beinhaltet auch das Betriebsbuch.

Das Betriebsbuch umfasst wesentliche Vorkommnisse des Betriebsablaufs wie z. B. Störungen und Maßnahmen zu deren Behebung. Kennzeichnende Betriebsdaten sowie Wiederholung von behördlich angeordneten Prüfungen sind ebenso zu vermerken.

Zu den Inhalten des Anlagenbuchs gehören in der Regel:

- **Allgemein Angaben, Planungsgrundlagen**
  - Raumbuch
  - Wasseranalyse des Versorgers
  - Planungs- und Berechnungsgrundlagen aller Komponenten der Trinkwasser-Installation (einschließlich korrosionschemischer Beurteilung der ausgewählten Werkstoffe usw.)
  - Anlagenbeschreibung und -daten
  - aktuelle Revisionspläne und Rohrleitungsschemata
  - Wartungs- und Bedienungsanleitungen (ggf. Produktdatenblätter) angeschlossener Apparate und Einrichtungen
  - Sicherheitsdatenblätter evtl. eingesetzter chemischer Zusatzstoffe zur Trinkwasserbehandlung
- **Inbetriebnahme-Dokumente (Installationen und wesentliche Änderungen der Installation spätestens ab 2013)**
  - Protokoll der Hygieneerstinspektion
  - Protokoll über die trockene Druckprüfung
  - Protokoll über die Spülung und Erstinbetriebnahme
  - Untersuchungsergebnisse der allgemeinen mikrobiologischen Beprobung zur Inbetriebnahme
  - Übergabeprotokoll mit Dokumentation der Einweisung des Betreibers (Einweisung nach VDI/DVGW 6023 [19] Kat. C)
- **Betriebsbuch**
  - Instandhaltungs- bzw. Hygieneplan gem. VDI/DVGW 6023 [19]
  - Betriebsanleitung Trinkwasser-Installation
  - Dokumentation über die Auswahl der Probennahmestellen mit Nachweis der Sachkunde desjenigen, der die Festlegung getroffen hat, und Darstellung dieser Stellen in den Revisionsplänen jeweils im Grundriss und im Schema
  - Nachweise über die regelmäßigen Instandhaltungsmaßnahmen
  - Protokolle über etwaige Spül- und Reinigungsmaßnahmen

- Protokolle über etwaige Desinfektionsmaßnahmen
- Dokumentation über evtl. Reparaturarbeiten
- Ergebnisse bisheriger und fortlaufender Trinkwasseruntersuchungen
- Dokumentation der Konzentrationen und Zugabemengen eingesetzter Desinfektions- oder Aufbereitungsstoffe.

Fehlende Unterlagen sind jedoch ausdrücklich nicht im Rahmen der Gefährdungsanalyse zu erstellen, sondern das Fehlen ist lediglich hinsichtlich hygienischer/technischer Relevanz oder hinsichtlich Einschränkungen im bestimmungsgemäßen Betrieb zu bewerten. Dies gilt insbesondere auch für eine Neuberechnung der Rohrdimensionen.

Eine solche Berechnung ist jedoch unter Umständen eine Voraussetzung für diverse weitere Maßnahmen und sollte entsprechend im Rahmen der Handlungsempfehlungen angedacht werden.

Anhang C Checkliste – Bestandsaufnahme (Beispiel)

Die nachfolgende Checkliste kann zur Bestandsaufnahme im Rahmen der Gefährdungsanalyse verwendet werden. Sie ist gedacht als Hilfsmittel für den Sachverständigen, für den Auftraggeber und das Gesundheitsamt und ist anlagenspezifisch anzupassen.

C1 Allgemeine Daten

C1.1 Objekt

Projektnummer: ______________________

Name: ______________________

Objektart: ______________________

Adresse: ______________________

Baujahr: ______________________

Auftrag: ______________________

C1.2 Auftraggeber

Firma: ______________________

Name: ______________________

Adresse: ______________________

Kontakt: ______________________

C1.3 Sachverständiger

Firma: ______________________

Name: ______________________

Adresse: ______________________

Kontakt: ______________________

C1.4 Ortsbegehung

Datum: ______________________

Uhrzeiten (Anfang/Ende): ______________________

Teilnehmer: ______________________

Anlass: ______________________

C1.5 Gebäude

1) Gebäudetyp: ______
2) Bauweise: ______
3) Art der Nutzung: ______
4) Anzahl Geschosse: ______
5) Anzahl und Art der Nutzeinheiten: ______
6) Nutzerverhalten: ______
7) Wasserverbrauch der letzten drei Jahre: ______
8) Letzte Wartung der Trinkwasser-Installation: ______
9) Wartungsfirma: ______
10) Letzte Sanierungsmaßnahme: ______
11) Wasserversorgung durch: ______
12) Art Entnahmestellen: ______
13) Wasserzähler (Kalt-/Warm-): ______
14) Wasseraufbereitung: ______
15) Letzte TW-Untersuchung (einschließlich Laborbericht): ______
16) Besonderheiten in der jüngeren Betriebshistorie (z. B. Unterbrechungen des bestimmungsgemäßen Betriebs, Instandsetzungsmaßnahmen): ______

C2 Angaben zur Trinkwasser-Installation

C2.1 Nutzerinformation/-verhalten

1) Veränderungen am Trinkwassernetz: ______
2) selbst durchgeführte Reparatur und Wartung: ______
3) bekannte sensorisch wahrnehmbare Probleme: ______

C2.2 Trinkwasser – kalt (PWC)

1) Anzahl der Steigestränge: ______
2) Rohrmaterialien: ______
3) Bauart der Absperrarmaturen: ______

4) Entleerungsmöglichkeiten: ______________________________

5) Probenahme möglich:

6) Stagnationsbereiche ersichtlich: ______________________________

7) Dämmung: ______________________________

8) Verteilung der einzelnen Stränge: ______________________________

9) vorhandene Sicherungseinrichtungen: ______________________________

10) zusätzliche Bereiche (z. B. Gartenwasser): ______________________________

11) Trinkwassertemperatur: ______________________________ °C

12) Durchfluss: ______________________________ ?/min

13) Druck: ______________________________ Pa

14) Installationsart: ______________________________

C2.3 Trinkwasser – warm (PWH)

1) Anzahl der Steigestränge: ______________________________

2) Rohrmaterialien: ______________________________

3) Bauart der Absperrarmaturen: ______________________________

4) Entleerungsmöglichkeiten: ______________________________

5) Probenahme möglich: ______________________________

6) Thermometer an Strangabsperrung: ______________________________

7) Stagnationsbereiche ersichtlich: ______________________________

8) Dämmung: ______________________________

9) Verteilung der einzelnen Stränge: ______________________________

10) vorhandene Sicherungseinrichtungen: ______________________________

11) zusätzliche Bereiche (z. B. Gartenwasser): ______________________________

12) Trinkwassertemperatur: ______________________________ °C

13) Durchfluss: ______________________________ ?/min

14) Druck: ______________________________ Pa

15) Installationsart: ______________________________

C2.4 Trinkwassererwärmung und -zirkulation (PWH-C)

1) Anzahl der Steigestränge: ____________________

2) Rohrmaterialien: ____________________

3) Bauart der Absperrarmaturen: ____________________

4) Bauart der Regulierarmaturen: ____________________

5) Entleerungsmöglichkeiten: ____________________

6) Probenahme möglich: ____________________

7) Thermometer an Strangabsperrung: ____________________

8) Stagnationsbereiche ersichtlich: ____________________

9) Dämmung: ____________________

10) Verteilung der einzelnen Stränge: ____________________

11) Zirkulationspumpe: ____________________

12) Zeitintervall der Zirkulation: ____________________

13) Trinkwassertemperatur: ____________________ °C

14) Durchfluss: ____________________ ?/min

15) Druck: ____________________ Pa

16) Installationsart: ____________________

17) Trinkwassererwärmung: ____________________

18) Standort der Anlage: ____________________

19) Hersteller/Fabrikat: ____________________

20) Baujahr: ____________________

21) Heizmedium: ____________________

22) Anzahl der Behälter: ____________________

23) Speichervolumen: ____________________

24) zentral/dezentral: ____________________

25) Art der Trinkwassererwärmung (z. B. Ladesystem, Vorwärmstufen): ____

26) Material der Behälter: ____________________

27) Dämmung der Behälter: ____________________

28) Thermometer des Speichers: ____________________ °C

29) Thermometer/Probenahmeventil am Speicheraustritt: ____________ °C

30) Thermometer/Probenahmeventil am Speichereintritt: ____________ °C

31) Sicherheitseinrichtungen am Kaltwassereintritt: ____________

32) Membranausdehnungsgefäß: ____________

33) Sicherheitsventil: ____________

34) Zirkulationspumpe einschließlich Rückflussverhinderer: ____________

35) Möglichkeiten für thermische Desinfektion: ____________

36) zentraler Verbrühungsschutz: ____________

37) letzte Wartung: ____________

38) letzte Reinigung: ____________

39) Stagnationsbereiche ersichtlich: ____________

40) Speicher mit Anode: ____________

C2.5 Entnahmearmaturen

1) Anzahl: ____________

2) Zustand: ____________

3) Sauberkeit: ____________

4) Dichtheit: ____________

5) Anschlussschläuche: ____________

6) Strahlregler: ____________

7) Einzelsicherung/Sammelsicherung: ____________

8) Waschtischarmaturen: ____________

9) Duscharmaturen: ____________

10) Badewannenarmaturen: ____________

11) Spülkastenanschlüsse: ____________

12) Außenzapfstellen: ____________

13) Waschmaschinenanschluss: ____________

14) Sicherungseinrichtungen (Typ, Flüssigkeitskategorie): ____________

15) verwendete Schlauchmaterialien: ____________

C2.6 Sonstige Anlagenteile

1) Druckerhöhungsanlage: ____________________

2) Löschwasseranlage: ____________________

3) Betriebswassernutzungsanlage: ____________________

4) Wasserbehandlungsanlage(n): ____________________

5) Nachspeiseanlagen, automatisch oder manuell: ____________________

6) sonstige Bauteile/Apparate: ____________________

Die Checkliste in Anhang C der VDI/BTGA/ZVSHK 6023 Blatt 2 kann als Hilfestellung für eine Ortsbesichtigung dienen, hat jedoch keinerlei Anspruch auf Vollständigkeit oder auf Ausschließlichkeit. Jede Trinkwasser-Installation hat Besonderheiten in Aufbau, Funktionsweise und bezüglich verwendeter bzw. installierter Bauteile und Komponenten. Die Checkliste verfügt daher über die notwendigen Angaben im Sinne eines Inspektionsberichts nach DIN EN ISO/IEC 17020, listet jedoch nur übliche oder häufig anzutreffende Bauteile einer Trinkwasser-Installation im Sinne eines Leitfadens auf.

Hält sich der Sachverständige an ein festes Aufbauschema für seine Gefährdungsanalysen, läuft er weniger Gefahr, wesentliche Teile auszulassen. Der Auftraggeber hat hingegen zu überprüfen, ob in der Gefährdungsanalyse Aussagen zu folgenden Aspekten enthalten sind:

1. Liegen Messergebnisse vor, die in einem für Legionellenuntersuchungen akkreditierten Labor erhoben wurden?
2. Wurde geprüft, ob die Vorgaben der TrinkwV [10], der VDI/BTGA/ZVSHK 6023-2, des techn. Regelwerkes und der UBA-Empfehlungen beachtet wurden?
3. Liegt eine geeignete Dokumentation der Anlagentechnik der Trinkwasser-Installation vor?
4. Liegt eine Dokumentation der Ortsbegehung vor?
5. Liegt eine Beurteilung der Anlagentechnik der Trinkwasser-Installation bzw. der vorhandenen Mängel der Anlage vor?

Schrifttum

Schrifttum

Gesetze, Verordnungen, Verwaltungsvorschriften

Verordnung über Allgemeine Bedingungen für die Versorgung mit Wasser (AVBWasserV) vom 20. Juni 1980

Verordnung über die Qualität von Wasser für den menschlichen Gebrauch (Trinkwasserverordnung – TrinkwV [10] 2001) vom 10. März 2016

Technische Regeln

DIN 1422 Veröffentlichungen aus Wissenschaft, Technik, Wirtschaft und Verwaltung, Berlin: Beuth Verlag

DIN 1988 Technische Regeln für Trinkwasser-Installationen, Berlin: Beuth Verlag

DIN EN 806 Technische Regeln für Trinkwasser-Installationen, Berlin: Beuth Verlag

DIN EN 1717:2011-08 Schutz des Trinkwassers vor Verunreinigungen in Trinkwasser-Installationen und allgemeine Anforderungen an Sicherungseinrichtungen zur Verhütung von Trinkwasserverunreinigungen durch Rückfließen; Deutsche Fassung EN 1717:2000; Technische Regel des DVGW, Berlin: Beuth Verlag

DIN EN ISO/IEC 17020:2012-07 Konformitätsbewertung; Anforderungen an den Betrieb verschiedener Typen von Stellen, die Inspektionen durchführen (ISO/IEC 17020:2012); Deutsche und Englische Fassung EN ISO/IEC 17020:2012, Berlin: Beuth Verlag

DIN ISO 690:2013-10 Information und Dokumentation; Richtlinien für Titelangaben und Zitierung von Informationsressourcen (ISO 690:2010), Berlin: Beuth Verlag

DVGW twin Nr. 12:2017-12 Information des DVGW zur Trinkwasser-Installation; Temporärer Einsatz endständiger Filter in mikrobiell kontaminierten Trinkwasser-Installationen

DVGW W 551:2004-04 Trinkwassererwärmungs- und Trinkwasserleitungsanlagen; Technische Maßnahmen zur Verminderung des Legionellenwachstums; Planung, Errichtung, Betrieb und Sanierung von Trinkwasser-Installationen, Berlin: Beuth Verlag

DVGW W 553:1998-12 Bemessung von Zirkulationssystemen in zentralen Trinkwassererwärmungsanlagen, Berlin: Beuth Verlag

DVGW W 556:2015-12 Hygienisch-mikrobielle Auffälligkeiten in Trinkwasser-Installationen; Methodik und Maßnahmen zu deren Behebung, Berlin: Beuth Verlag

DVGW W 557:2012-10 Reinigung und Desinfektion von Trinkwasser-Installationen. Berlin: Beuth Verlag

VDI 1000:2017-02 VDI-Richtlinienarbeit; Grundsätze und Anleitungen, Berlin: Beuth Verlag

VDI 3810 Blatt 1:2012-05 Betreiben und Instandhalten von gebäudetechnischen Anlagen; Grundlagen, Berlin: Beuth Verlag

VDI 3810 Blatt 1.1:2014-09 Betreiben und Instandhalten von Gebäuden und gebäudetechnischen Anlagen; Grundlagen; Betreiberverantwortung, Berlin: Beuth Verlag

VDI 3810 Blatt 2:2010-05 Betreiben und Instandhalten von gebäudetechnischen Anlagen; Sanitärtechnische Anlagen, Berlin: Beuth Verlag

VDI 4700 Blatt 1:2015-10 Begriffe der Bau- und Gebäudetechnik, Berlin: Beuth Verlag

VDI/DVGW 6023:2013-04 Hygiene in Trinkwasser-Installationen; Anforderungen an Planung, Ausführung, Betrieb und Instandhaltung, Berlin: Beuth Verlag

Literatur

[1] Gefährdungsanalyse für Trinkwasser-Installationen – Ein Leitfaden für Praktiker und Betreiber. 1. Auflage 2015. Bonn: BTGA Bundesindustrieverband Technische Gebäudeausrüstung e. V.

Weiterführende Literatur

Bürschgens, A.: Legionellen in Trinkwasser-Installationen; Gefährdungsanalyse und Sanierung, 1. Auflage 2015. Berlin: Beuth Verlag. ISBN 978-3-410-25279-5

Es darf an dieser Stelle darauf hingewiesen werden, dass das als weiterführende Fachliteratur genannte das Werk „*Bürschgens, A.*: Legionellen in Trinkwasser-Installationen; Gefährdungsanalyse und Sanierung“ zwischenzeitlich in einer 2. vollständig überarbeiteten und erweiterten Fassung vorliegt, Beuth Verlag Berlin, ISBN 978-3-410-28413-0.

Literaturverzeichnis

[1] BGB – Bürgerliches Gesetzbuch in der Fassung der Bekanntmachung vom 2. Januar 2002, zuletzt geändert durch Artikel 2 des Gesetzes vom 21. Februar 2017 (BGBl. I S. 258)

[2] ArbSchG – Gesetz über die Durchführung von Maßnahmen des Arbeitsschutzes zur Verbesserung der Sicherheit und des Gesundheitsschutzes der Beschäftigten bei der Arbeit (Arbeitsschutzgesetz), zuletzt geändert durch Art. 427 V v. 31.8.2015

[3] IfSG – Gesetz zur Verhütung und Bekämpfung von Infektionskrankheiten beim Menschen (Infektionsschutzgesetz), zuletzt geändert durch Art. 6a G v. 10.12.2015

[4] KRINKO – Robert Koch-Institut, Richtlinie für Krankenhaushygiene und Infektionsprävention, Loseblattsammlung, Stand 2019

[5] KRINKO – Robert Koch-Institut, Richtlinie für Krankenhaushygiene und Infektionsprävention, Alte Anlagen der Richtlinie für Krankenhaushygiene und Infektionsprävention (bis 2003)

[6] Bauministerkonferenz (ARGEBAU), Planungshilfe Intensivtherapie 09/2018

[7] DGKH – Empfehlung der Deutschen Gesellschaft für Krankenhaushygiene „Gesundheitliche Bedeutung, Prävention und Kontrolle Wasser-assoziierter *Pseudomonas aeruginosa*-Infektionen“, Martin Exner et al., Hyg Med 2016; 41 – Suppl. 2 DGKH

[8] DGKH – Empfehlung der Deutsche Gesellschaft für Krankenhaushygiene „Hygieneanforderungen an Mitarbeiter der Haustechnik und externe Handwerker in hygienerelevanten Bereichen von Krankenhäusern, Pflegeeinrichtungen und Reha-Einrichtungen/-Kliniken“, Hyg Med 2015; 40 – 3

[9] AVBWasserV – Verordnung über Allgemeine Bedingungen für die Versorgung mit Wasser vom 20. Juni 1980 (BGBl. I S. 750, 1067), die zuletzt durch Artikel 3 des Gesetzes vom 21. Januar 2013 (BGBl. I S. 91) geändert worden ist

[10] TrinkwV [10] – Trinkwasserverordnung in der Fassung der Bekanntmachung vom 10. März 2016 (BGBl. I S. 459), die zuletzt durch Artikel 1 der Verordnung vom 3. Januar 2018 (BGBl. I S. 99) geändert worden ist

[11] Umweltbundesamt Bewertungsgrundlage für metallene Werkstoffe im Kontakt mit Trinkwasser (Metall-Bewertungsgrundlage) i.d.F.v. 15. März 2017, Neufassung vom 14. Mai 2020

[12] Empfehlung des Umweltbundesamtes nach Anhörung der Trinkwasserkommission für die Durchführung einer Gefährdungsanalyse gemäß Trinkwasserverordnung, Maßnahmen bei Überschreitung des technischen Maßnahmenwertes für Legionellen vom 14. Dezember 2012

[13] Empfehlung des Umweltbundesamtes nach Anhörung der Trinkwasserkommission des Bundesministeriums für Gesundheit – Periodische Untersuchung auf Legionellen in zentralen Erwärmungsanlagen der Hausinstallation nach § 3 Nr. 2 Buchstabe c TrinkwV [10] 2001, aus denen Wasser für die Öffentlichkeit bereitgestellt wird; Bundesgesundheitsbl. 49, S. 697–700, 2006, DOI: 10.1007/s00103-006-1295-7

[14] Empfehlung des Umweltbundesamtes nach Anhörung der Trinkwasserkommission zu systemischen Untersuchungen von Trinkwasser-Installationen auf Legionellen nach Trinkwasserverordnung – Probennahme, Untersuchungsgang und Angabe des Ergebnisses vom 18. Dezember 2018

[15] Empfehlung des Umweltbundesamtes nach Anhörung der Trinkwasserkommission zu erforderlichen Untersuchungen auf *Pseudomonas aeruginosa*, zur Risikoeinschätzung und zu Maßnahmen beim Nachweis im Trinkwasser, Stand: 13. Juni 2017

[16] Empfehlung des Umweltbundesamtes nach Anhörung der Trinkwasserkommission zur Beurteilung der Trinkwasserqualität hinsichtlich der Parameter Blei, Kupfer und Nickel („Probennahmeempfehlung“), Stand: 18. Dezember 2018, Rev01 vom 26. März 2019

[17] Umweltbundesamt Mitteilung nach Anhörung der Trinkwasserkommission zu Vorkommen von Legionellen in dezentralen Trinkwassererwärmern, Stand: 18. 12. 2018

[18] Liste der Aufbereitungsstoffe und Desinfektionsverfahren gemäß § 11 der Trinkwasserverordnung – 21. Änderung – Stand: Dezember 2019

[19] VDI/DVGW 6023 Hygiene in Trinkwasser-Installationen Anforderungen an Planung, Ausführung, Betrieb und Instandhaltung, April 2013

[20] DIN EN 806 – Technische Regeln für Trinkwasser-Installationen, Teil 2: Planung; Deutsche Fassung EN 8062:2005, Juni 2005

[21] DIN EN 806 – Technische Regeln für Trinkwasser-Installationen, Teil 4: Installation; Deutsche Fassung EN 806-4:2010, Juni 2010

[22] DIN EN 806 – Technische Regeln für Trinkwasser-Installationen, Teil 5: Betrieb und Wartung; Deutsche Fassung EN 806-5:2012, April 2012

[23] DIN EN 1717 – Schutz des Trinkwassers vor Verunreinigungen in Trinkwasser-Installationen und allgemeine Anforderungen an Sicherungseinrichtungen zur Verhütung von Trinkwasserverunreinigungen durch Rückfließen; Deutsche Fassung EN 1717:2000; Technische Regel des DVGW, August 2011

[24] CEN/TR 16355 – Empfehlungen zur Verhinderung des Legionellenwachstums in Trinkwasser-Installationen, Juni 2012

[25] DIN 1988 – Technische Regeln für Trinkwasser-Installationen – Teil 100: Schutz des Trinkwassers, Erhaltung der Trinkwassergüte; Technische Regel des DVGW, August 2011

[26] DIN 1988 – Technische Regeln für Trinkwasser-Installationen – Teil 200: Installation Typ A (geschlossenes System) – Planung, Bauteile, Apparate, Werkstoffe; Technische Regel des DVGW, Mai 2012

[27] DIN 1988 – Technische Regeln für Trinkwasser-Installationen – Teil 300: Ermittlung der Rohrdurchmesser; Technische Regel des DVGW, Mai 2012

[28] DIN 1988 – Technische Regeln für Trinkwasser-Installationen – Teil 500: Druckerhöhungsanlagen mit drehzahlgeregelten Pumpen; Technische Regel des DVGW, Februar 2011

[29] DIN 1988 – Technische Regeln für Trinkwasser-Installationen – Teil 600: Trinkwasser-Installationen in Verbindung mit Feuerlösch- und Brandschutzanlagen; Technische Regel des DVGW, Dezember 2010

[30] DIN 18012 – Anschlusseinrichtungen für Gebäude – Allgemeine Planungsgrundlagen, April 2018

[31] DIN 19636-100 Enthärtungsanlagen (Kationentauscher) in der Trinkwasser-Installation – Teil 100 Anforderungen zur Anwendung von Enthärtungsanlagen nach DIN EN 14743, Februar 2008

[32] DIN 2403 Kennzeichnung von Rohrleitungen nach dem Durchflussstoff, Oktober 2018

[33] DIN 4807-5 Technische Regeln für Ausdehnungsgefäße – Teil 5: Geschlossene Ausdehnungsgefäße mit Membranen für Trinkwasser-Installationen – Anforderungen, Prüfung, Auslegung und Kennzeichnung; Technische Regel des DVGW, März 1997

[34] DIN 50930-6 Korrosion der Metalle – Korrosion metallener Werkstoffe im Innern von Rohrleitungen, Behältern und Apparaten bei Korrosionsbelastung durch Wässer – Teil 6: Bewertungsverfahren und Anforderungen hinsichtlich der hygienischen Eignung in Kontakt mit Trinkwasser, Oktober 2013

[35] DVGW W 405 (A) – Bereitstellung von Löschwasser, Februar 2008

[36] DVGW W 551 (A) – Trinkwassererwärmungs- und Trinkwasserleitungsanlagen; Technische Maßnahmen zur Verminderung des Legionellenwachstums; Planung, Errichtung, Betrieb und Sanierung von Trinkwasser-Installationen, April 2004

[37] DVGW W 553 (A) – Bemessung von Zirkulationssystemen in zentralen Trinkwassererwärmungsanlagen, Dezember 1998

[38] DVGW W 556 (A) – Hygienisch-mikrobielle Auffälligkeiten in Trinkwasser-Installationen – Methodik und Maßnahmen zu deren Behebung, Dezember 2015

[39] DVGW W 557 (A) – Reinigung und Desinfektion von Trinkwasser-Installationen, Mai 2020

[40] DVGW W 558 (A) – Instandsetzung von Trinkwasser-Installationen (Technische und korrosionsspezifische Maßnahmen); November 2018

[41] DVGW W 270 (P) – Vermehrung von Mikroorganismen auf Werkstoffen für den Trinkwasserbereich – Prüfung und Bewertung, November 2007

[42] DVGW W 543 (P) – Druckfeste flexible Schlauchleitungen für Trinkwasser-Installationen – Anforderungen und Prüfungen; Mai 2005

[43] DVGW W 579 (P) – Probennahmearmaturen in der Trinkwasser-Installation-Anforderungen und Prüfungen, September 2015

[44] DVGW Fachinformation Wasser Nr. 74: Hinweise zur Durchführung von Probennahmen aus der Trinkwasser-Installation für die Untersuchung auf Legionellen, Januar 2012

[45] DVGW Fachinformation Wasser Nr. 90: Informationen und Erläuterungen zu Anforderungen des DVGW-Arbeitsblattes W 551, März 2017

[46] DVGW twin Nr. 12 Temporärer Einsatz endständiger Filter in mikrobiell kontaminierten Trinkwasser-Installationen, März 2017

[47] DVGW twin Nr. 13 Anforderungen an die Absicherung der Trinkwasser-Installation

[48] und des Trinkwassernetzes

[49] bei Nutzung in der Vieh- und Landwirtschaft –

[50] Sicherungseinrichtung „freier Auslauf", April 2018

[51] VDI 2050 Anforderungen an Technikzentralen, Blatt 2: Sanitärtechnik, November 2011

[52] VDI 3810 – Betreiben und Instandhalten von gebäudetechnischen Anlagen – Blatt 2: Sanitärtechnische Anlagen/VDI 6023 – Hygiene in Trinkwasser-Installationen – Blatt 3: Betrieb und Instandhaltung, Mai 2020

[53] DIN EN 12502 Korrosionsschutz metallischer Werkstoffe, Teile 1-5

[54] DIN EN 13443-1 Anlagen zur Behandlung von Trinkwasser innerhalb von Gebäuden – Mechanisch wirkende Filter – Teil 1: Filterfeinheit 80 µm bis 150 µm – Anforderungen an Ausführung, Sicherheit und Prüfung, Dezember 2007

[55] DIN EN 13618 Flexible Schlauchverbindungen in Trinkwasser-Installationen – Funktionsanforderungen und Prüfverfahren, März 2017

[56] DIN EN 14743 – Anlagen zur Behandlung von Trinkwasser innerhalb von Gebäuden – Enthärter – Anforderungen an Ausführung, Sicherheit und Prüfung; Deutsche Fassung EN 14743:2005+A1:2007; September 2007

[57] DIN EN ISO/IEC 17025 Allgemeine Anforderungen an die Kompetenz von Prüf- und Kalibrierlaboratorien (ISO/IEC 17025:2005), August 2005 (zurückgezogen)

[58] DIN EN ISO 19458 Wasserbeschaffenheit – Probennahme für mikrobiologische Untersuchungen, Dezember 2006